Vielleicht gibt es eine dreieckige Welt,
aber....
ein dreieckiges Lager als Maschinenelement
gibt es nicht.

Für meinen treuesten Autor und
einen sehr liebenswürdigen Menschen
für dich also lieber Herbert

dein Ramos 28/8/17

Die Welt ist dreieckig

Lizenz zum Wissen.

Sichern Sie sich umfassendes Technikwissen mit Sofortzugriff auf tausende Fachbücher und Fachzeitschriften aus den Bereichen: Automobiltechnik, Maschinenbau, Energie + Umwelt, E-Technik, Informatik + IT und Bauwesen.

Exklusiv für Leser von Springer-Fachbüchern: Testen Sie Springer für Professionals 30 Tage unverbindlich. Nutzen Sie dazu im Bestellverlauf Ihren persönlichen Aktionscode C0005406 auf *www.springerprofessional.de/buchaktion/*

Springer für Professionals.
Digitale Fachbibliothek. Themen-Scout. Knowledge-Manager.

- Zugriff auf tausende von Fachbüchern und Fachzeitschriften
- Selektion, Komprimierung und Verknüpfung relevanter Themen durch Fachredaktionen
- Tools zur persönlichen Wissensorganisation und Vernetzung

www.entschieden-intelligenter.de

Springer für Professionals

Horst Czichos

Die Welt ist dreieckig

Die Triade Philosophie – Physik – Technik

Mit 98 Abbildungen

Prof. Dr.-Ing. Dr. h.c. Horst Czichos
Beuth Hochschule für Technik Berlin
Berlin, Deutschland

ISBN 978-3-658-02484-0   ISBN 978-3-658-02485-7 (eBook)
DOI 10.1007/978-3-658-02485-7

Die Deutsche Nationalbibliothek verzeichnet diese Publikation in der Deutschen Nationalbibliografie; detaillierte bibliografische Daten sind im Internet über http://dnb.d-nb.de abrufbar.

Springer Vieweg
© Springer Fachmedien Wiesbaden 2013
Dieses Werk einschließlich aller seiner Teile ist urheberrechtlich geschützt. Jede Verwertung, die nicht ausdrücklich vom Urheberrechtsgesetz zugelassen ist, bedarf der vorherigen Zustimmung des Verlags. Das gilt insbesondere für Vervielfältigungen, Bearbeitungen, Übersetzungen, Mikroverfilmungen und die Einspeicherung und Verarbeitung in elektronischen Systemen.

Die Wiedergabe von Gebrauchsnamen, Handelsnamen, Warenbezeichnungen usw. in diesem Werk berechtigt auch ohne besondere Kennzeichnung nicht zu der Annahme, dass solche Namen im Sinne der Warenzeichen- und Markenschutz-Gesetzgebung als frei zu betrachten wären und daher von jedermann benutzt werden dürften.

Lektorat: Thomas Zipsner / Imke Zander

Gedruckt auf säurefreiem und chlorfrei gebleichtem Papier.

Springer Vieweg ist eine Marke von Springer DE. Springer DE ist Teil der Fachverlagsgruppe Springer Science+Business Media
www.springer-vieweg.de

Vorwort

Meine ersten Eindrücke von Technik und Philosophie erhielt ich während des Ingenieurpraktikums in einer Firma für Zähl- und Rechenwerke. „Die erste Rechenmaschine hat der Philosoph Leibniz gebaut", erklärte uns der Ausbilder. „Philosophen beschäftigen sich eigentlich nicht mit technischen Dingen" meinte dazu mein Freund Jürgen und beschrieb mir Platons *Ideenlehre* als Beispiel für philosophisches Denken:

> ... nach Platon sind die von unseren Sinnen wahrgenommenen Gegenstände nur Schatten, das heißt Abbilder von „Ideen", den urtypischen Musterformen aller Gegenstände ...

Das Gespräch über die Rechenmaschine von Leibniz und die Ideenlehre Platons – sowie die Diskussionen über *Marxismus* und *Existenzialismus* im Berlin der 1960er Jahre – waren der Beginn einer intensiven Beschäftigung mit philosophischen Fragen.

Die Ingenieurausbildung hatte bei mir ein starkes Interesse an den physikalischen Grundlagen der Technik ausgelöst, so dass ich neben freiberuflicher Entwicklungsarbeit in der optischen Industrie Physik studierte. Dabei lernte ich auch die *Analytische Philosophie* Wittgensteins kennen. Auf die Promotion folgten Tätigkeiten in der Forschung, der Lehre und dem Technikmanagement. Aus der langen Beschäftigung mit technologischen, physikalischen und philosophischen Themen – und der Erfahrung, dass die Dinge heute meist „komplex" und nicht „monokausal" verständlich sind – entstand der Gedanke, das elementare Wissen aus den verschiedenen Gebieten in einem Buch darzustellen. Herrn Thomas Zipsner, Springer Vieweg, danke ich für die anregend-konstruktiven Gespräche zur Realisierung dieses fachübergreifenden Projektes und Frau Imke Zander für die sorgfältige redaktionelle Betreuung.

So viel zum Hintergrund, nun zum Inhalt. „Welt" bezeichnet die Gesamtheit aller Dinge oder die Dinge einer bestimmten Sphäre. Die griechische Antike schuf mit dem Begriff „Kosmos" die Idee einer universellen Seinsordnung, die alle Dinge „im Himmel und auf der Erde" umfasste. *Philosophia* war „Liebe zum Wissen", was auch die Natur (*physis*) sowie künstlerisches und technisches Können (*techne*) einbezog. Später wurde die Philosophie rein geisteswissenschaftlich verstanden und physikalisches sowie technisches Wissen aus dem Umfang des Begriffs ausgeschlossen. Damit bildeten sich – unabhängig von der hier nicht betrachteten Entwicklung der Künste – im Licht neuer wissenschaftlicher Erkenntnisse die *Physik* und die *Technik*, in denen wiederum für philosophische Modelle kein Platz ist. Aus dem Kosmos der Antike wurde das „offene Weltenbild" der Neuzeit mit der Triade *Philosophie – Physik – Technik*.

Das Buch betrachtet in knapper Form die Entwicklung und den Wissensstand der drei Gebiete und will damit zum multidisziplinären Verständnis der Welt beitragen.

Berlin, Mai 2013   Horst Czichos

Exzerpt: Übersicht über die grundlegenden Aspekte des Buches

Die Welt der Antike

Die griechische Antike schuf mit dem Begriff *Kosmos* die Idee einer universellen Seinsordnung, die alle Dinge „im Himmel und auf der Erde" umschloss. Das antike Modell des Kosmos basiert auf dem „geozentrischen Weltbild" mit unterschiedlichen „Sphären":

- Die *sublunare Welt* umfasst mit vergänglicher Materie, Pflanzen, Tieren und dem Menschen die Erde und erstreckt sich mit unterschiedlichen Zonen (Wasser, Luft, Äther) bis zur Sphäre des Mondes.
- Die *supralunare Welt* reicht bis zur Grenze des Universums und kennt keine Veränderung, weil sie göttlicher Natur ist. Die Sonne, der Mond und alle Himmelskörper sind eine Manifestation des nicht sichtbaren Göttlichen.

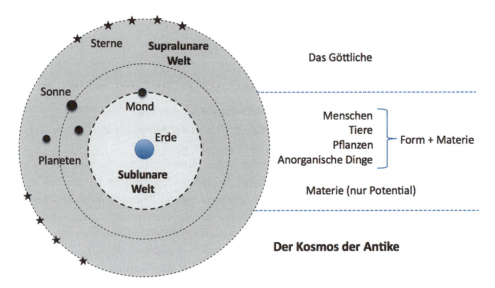

In der Antike war *philosophia* die „Liebe zum Wissen", was auch die Natur (*physis*) sowie künstlerisches und technisches Können (*techne*) einbezog. Nach der „kopernikanischen

Wende" zerbrach das geschlossene geozentrische Weltbild des Kosmos und es entstand das offene heliozentrische Weltenbild der Neuzeit mit der Triade *Philosophie – Physik – Technik*.

- Die Philosophie versucht zu verstehen, was wir denken und was wir tun.
- Die Physik erforscht und beschreibt die Natur und die Naturgesetze.
- Technik bezeichnet die Gesamtheit der von Menschen geschaffenen, nutzorientierten Gegenstände und Systeme sowie die zugehörige Forschung, Entwicklung, Herstellung und Anwendung.

Die Welt der Philosophie

Die Philosophie hat keinen spezifischen Fachbereich und auch keine einheitliche Methode. Sie betrachtet ganz allgemein wie es sich auf der Welt verhält und warum es sich so und nicht anders verhält. *Philosophie ist nicht Reflexion auf einen isolierten Gedanken, sondern auf das Ganze unserer Gedanken. Jeder der großen Philosophen hat dieses Ganze in einer ihm eigenen Weise verstanden* (Carl Friedrich von Weizsäcker).

Das Platonische Dreieck Das *Platonische Dreieck* symbolisiert mit dem Zusammenhang *Mensch – Natur – Idee* den Raum der theoretischen Philosophie.

- *Seinsphilosophie:* Das Nachdenken über die Welt fragt hier nach dem „Sein", das den beobachtbaren Erscheinungen zugrunde liegt. Dies ist der Ansatz der klassischen *Metaphysik*, die heute als *Ontologie* (Seinslehre) bezeichnet wird.
- *Ichphilosophie:* Diese Richtung des philosophischen Denkens setzt an bei dem „Ich" – in der Sprache der Philosophie auch als „Subjekt" bezeichnet. Die hauptsächlichen Modelle sind der *Rationalismus* (Descartes, Leibniz, Spinoza) und der *Empirismus* (Locke, Hume, Berkeley). Die Verknüpfung von Rationalismus und Empirismus unternahm in der Zeit des klassischen Deutschen *Idealismus* Kant mit seiner *Erkenntnislehre*. Eine besondere Variante der Ichphilosophie ist die *Existenzphilosophie* (Heidegger, Sartre).
- *Geistphilosophie:* Das Philosophieren geht hier von der „Idee" aus und entwickelt philosophische Modelle vom „Absoluten" in einer Zusammenschau von „Sein und Ich" (Objekt und Subjekt). Hierzu gehören das komplexe Philosophiesystem Hegels, der his-

torische *Materialismus* (Marx), die *Analytische Philosophie* (Russel, Wittgenstein) sowie die *3-Welten-Theorie* (Popper).

Drei-Welten-Theorie nach Popper Die *Drei-Welten-Theorie* von Popper nimmt eine gedankliche Einteilung in drei interaktive Bereiche vor, zwischen denen kausale Wechselwirkungen beobachtet werden können, wobei Welt 2 als Mittler zwischen Welt 3 und Welt 1 auftritt.

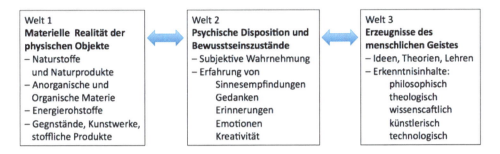

Die Welt der Physik

Die Physik erforscht und beschreibt die Natur und die Naturgesetze:

> Die Physik versucht, Einzelheiten im Naturgeschehen durch Experimente herauszuschälen, objektiv zu beobachten und in ihrer Gesetzmäßigkeit zu verstehen. Sie strebt danach, die Zusammenhänge mathematisch zu formulieren und damit zu Gesetzen zu kommen, die im ganzen Kosmos uneingeschränkt gelten, und es ist ihr schließlich dadurch möglich geworden, die Kräfte der Natur in der Technik unseren Zwecken dienstbar zu machen (Werner Heisenberg).

> Erst die Kenntnis der Naturgesetze erlabt es uns, aus dem sinnlichen Eindruck auf den zugrunde liegenden Vorgang zu schließen (Albert Einstein).

Geht man von dem zentralen Begriff der Materie aus, so kann die Welt der Physik in vier sich überschneidenden Dimensionsbereichen mit jeweils charakteristischer Ausprägung physikalischer Phänomene gesehen werden:

- die *Nanowelt* (Dimensionsbereich Nanometer und darunter) mit Elementarteilchen, beschrieben durch die *Teilchenphysik*,
- die *Mikrowelt* (Dimensionsbereich Nanometer bis Mikrometer) mit Atomen (Nukleonen + Elektronen), beschrieben durch die *Kernphysik* und die *Atomphysik*,
- die *Makrowelt* (Dimensionsbereich Mikrometer bis Meter und darüber) mit Gasen, Flüssigkeiten und Festkörpern, beschrieben durch die *Physik der Materie*,
- das *Weltall* (Dimensionsbereich Lichtjahre) mit Himmelskörpern und Galaxien, erforscht durch die *Astrophysik*. z. B. mit dem Hubble-Weltraumteleskop.

Das *Standardmodells der Kosmologie* nimmt an, dass das Weltall vor ungefähr 13 Milliarden Jahren aus einer Art „Urknall" entstand. Es hat sich seitdem ausgedehnt, abgekühlt und es bildeten sich die uns heute bekannten Strukturen von Atomen bis zu Galaxien.

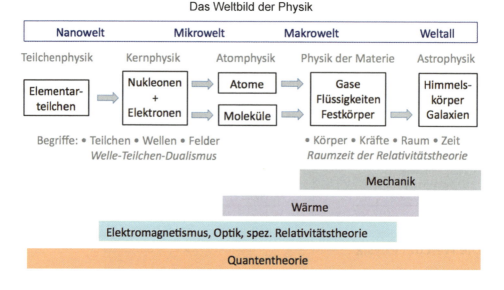

Die Welt der Technik

Technik bezeichnet die Gesamtheit der von Menschen geschaffenen, nutzorientierten Gegenstände und Systeme sowie die zugehörige Forschung, Entwicklung, Herstellung und Anwendung. Technikwissenschaft ist *Technologie*. Die Dimensionsbereiche der heutigen Technik umfassen mehr als zwölf Größenordnungen.

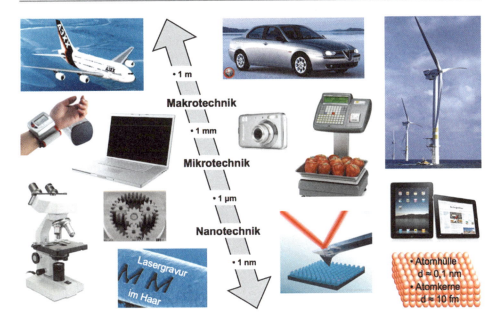

Eine umfassende Analyse der Situation und Bedeutung der Technik zu Beginn des 21. Jahrhunderts hat die US National Academy of Engineering vorgenommen (www.nae.edu). Die bedeutendste Technologie ist als „Workhorse of the Modern World" die *Elektrifizierung*. Die anderen bedeutenden Errungenschaften der Technik lassen sich in vier Gruppen einteilen. Die erste Gruppe umfasst den vielschichtigen Bereich der Informations- und Kommunikationstechnologien und die zweite Gruppe die Technologien für die menschliche Mobilität. Die dritte Gruppe nennt „enabling technologies", wie Petrochemie und Hochleistungswerkstoffe. Die vierte Gruppe umfasst Technologien, die für die Weltbevölkerung von 7 Milliarden Menschen im 21. Jahrhundert lebensnotwendig sind, von der Wasserversorgungstechnik und der Landwirtschaftstechnik bis zur Gesundheitstechnik.

DIE GRÖSSTEN ERRUNGENSCHAFTEN DER TECHNIK

- Elektrifizierung

• Telefon	• Automobil	• Petrochemie	• Wasserversorgung
• Radio und Fernsehen	• Flugzeug	• Kernkraft	• Landwirtschaftstechnik
• Elektronik	• Autobahnen	• Hochleistungs-	• Klimatechnik
• Laser und Faseroptik	• Raumfahrt	werkstoffe	• Haushaltsgerätetechnik
• Computer			• Gesundheitstechnik
• Bildgebende Verfahren			
• Internet			

Inhaltsverzeichnis

1	**Die Welt der Antike**	1
	1.1 Ethik – Religion – Naturphilosophie	1
	1.2 Urelemente und Atomismus	6
	1.3 Maß und Zahl	9
	1.4 Der Kosmos	12
	1.5 Kultur und Kunst	14
	1.6 Denkrichtungen der Antike	17
	1.7 Duales Denken	24
	1.8 Denken und Glauben	27
	1.9 Die Wende zur Neuzeit	37
2	**Mensch – Natur – Idee**	39
	2.1 Dimensionen der Philosophie	40
	2.2 Seinslehre	41
	2.3 Rationalismus	48
	2.4 Empirismus	50
	2.5 Aufklärung und Kognition	52
	2.6 Existenzphilosophie	55
	2.7 Geistphilosophie	56
	2.8 Materialismus	59
	2.9 Analytische Philosophie	60
3	**Erforschung der Natur**	67
	3.1 Dimensionen der Physik	68
	3.2 Physik der Materie	69
	3.3 Elementarkräfte	74
	3.4 Messen in Physik und Technik	76
	3.5 Maßsystem und Naturkonstanten	80
	3.6 Physikalische Beobachtungen	83
	3.7 Entwicklung und Aufbau der Physik	87
	3.8 Das Weltbild der Physik	96

	3.9 Antimaterie: Eine andere Welt	97
4	**Technologische Innovationen**	99
	4.1 Dimensionen der Technik	100
	4.2 Makrotechnik	102
	4.3 Mikrotechnik	107
	4.4 Der Produktionszyklus	111
	4.5 Basistechnologien: Energie, Material, Information	113
	4.6 Technische Systeme	118
	4.7 Die Grundlagen der Ingenieurwissenschaften	120
	4.8 Innovationen der Technik	123
	4.9 Technik im 21. Jahrhundert	135

Anmerkungen zum Buch ... 139

Literatur ... 141

Personenregister ... 143

1 Die Welt der Antike

Die Ursprünge von Philosophie, Physik und Technik sind eingebettet in die Welt der Antike, die im ersten Teil des Buches mit ihren Facetten betrachtet wird.

In der kulturellen *Achsenzeit* (Karl Jaspers) entstanden im Zeitraum von 800 bis 200 v. Chr. in mehreren Kulturkreisen die philosophischen und technologischen Entwicklungen, die bis heute die Grundlagen aller Zivilisationen bilden, Abb. 1.1. Bereits davor, etwa im 2. Jahrtausend v. Chr., liegen die Ursprünge der „Offenbarungsreligionen" (Judentum, Christentum, Islam) die sich auf *Abraham* als Stammvater berufen. Zur gleichen Zeit entwickelten die Phönizier (Libanon, Syrien) die leicht erlernbare, für die Entwicklung der *Schriftkultur* entscheidend wichtige alphabetische Schrift von der die europäischen Alphabetschriften (griechisch, lateinisch, kyrillisch) abstammen.

1.1 Ethik – Religion – Naturphilosophie

In Persien lehrte Zarathustra (ca. 630–550 v. Chr.), dass die Menschen die Wahl zwischen Gut und Böse haben. Gute Tugenden sind gute Gesinnung, Wahrhaftigkeit, Weisheit, Herrschaft, Gesundheit, Langlebigkeit. Böse sind Trug und Zorn. Als Lebensgrundsatz gilt die Trias: gute Gedanken – gute Worte – gute Taten. Die Welt ist der Ort des Kampfes zwischen dem Guten und dem Bösen, am Ende wird der Geist des Guten siegen.

In China nennt Laotse (604–520 v. Chr.) als Urgrund der Welt den Begriff *Tao*, der die Einheit und Harmonie aller Dinge verkörpert. Der Mensch soll dieses Prinzip des Ursprünglichen, Natürlichen und Einfachen als „Weg" erkennen und sein Denken und Handeln danach ausrichten.

Das Kennzeichen des vollkommenen Menschen ist die Stille, ein philosophisches Nicht-Handeln, die Ablehnung, in den natürlichen Ablauf der Dinge einzugreifen. Staat und Herrschaftsordnung sollen auf ein Minimum beschränkt sein. Je mehr Gesetze und Vorschriften desto mehr Gesetzbrecher gibt es auch.

Abb. 1.1 Die Kulturräume, in denen die Grundlagen der Zivilisationen entstanden

Konfuzius (551–478 v. Chr.) entwickelte die Prinzipien der Menschlichkeit und Gegenseitigkeit, die in der Gesellschaft ausgleichend und harmonisierend wirken sollen, um Ungerechtigkeit zu vermeiden. Zentrales Anliegen ist die Einbettung des Einzelnen in Familie Staat und Moral. Die fünf Beziehungen, Fürst ↔ Staatsdiener, Vater ↔ Sohn, Mann ↔ Frau, älterer Bruder ↔ jüngerer Bruder, Freund ↔ Freund, müssen durch Menschlichkeit, Rechtes Handeln, Sitte, Wissen, Wahrhaftigkeit bestimmt sein.

In Indien begründete der historische Buddha, Siddhartha Gautama (560–480 v. Chr.) die Lehre des Buddhismus. Die Lehre geht von den *vier edlen Wahrheiten* aus: (1) alles Leben ist leidvoll; (2) Ursache des Leiden ist der „Durst", die Begierde; (3) die Leiden können überwunden werden durch die Abtötung von Begierden und Leidenschaften; (4) der Weg dazu besteht in dem *edlen achtfachen Pfad* mit den Stufen *Weisheit, Sittlichkeit, Vertiefung*. Ziel ist Heilung, die Aufhebung der ichbezogenen Existenz, das Erlöschen der Lebensillusionen, das *Nirwana*.

Symbole östlicher Kulturen zeigt Abb. 1.2. Alle Kulturen betonen die Bedeutung der Ethik.

Goldene Regeln der praktischen Ethik

- Was man mir nicht antun soll, das will auch ich anderen Menschen nicht antun (Konfuzius)
- Was für mich unlieb und unangenehm ist, wie könnte ich das einem anderen antun (Buddha)
- Nichts anderen antun, was für einen selbst nicht gut wäre (Zarathustra)

1.1 Ethik – Religion – Naturphilosophie

Abb. 1.2 Symbole östlicher Philosophien: Shinto Torii (*links*), Symbol des japanischen Shintoismus und Buddhastatue

Die goldenen Regeln sind vergleichbar mit dem biblischen Gebot der Nächstenliebe, das nach der Lutherbibel von 1545 als christliche Lebensregel so ausgedrückt wird:

> Was du nicht willst, dass man dir tu', das füg' auch keinem anderen zu.

Unter dem Begriff **Religion** wird eine Vielzahl unterschiedlicher kultureller Phänomene zusammengefasst, die im Zusammenhang mit elementaren Lebenswirklichkeiten (Geburt, Leib, Seele, Tod) stehen. Als *Theismus* wird die Überzeugung von der Existenz eines (persönlichen) Gottes bezeichnet, die sich in Abgrenzung von den Gegenentwürfen des *Atheismus* oder *Pantheismus* (Gott und Natur sind eins) herausgebildet hat. Die Existenz Gottes kann allerdings die Wissenschaft weder beweisen noch widerlegen.

Wir wissen nicht, was der Sinn des Lebens ist und welches die richtigen moralischen Werte sind. Eine Diskussion darüber führt notwendigerweise zur großen Quelle der Deutungsversuche und Morallehren und diese fallen in den Bereich der Religion, sagt der Physik-Nobelpreisträger Richard P. Feynman in seinem Buch The Meaning of it All und nennt drei Aspekte des religiösen Glaubens:

- den metaphysischen Aspekt, der zu erklären versucht, was die Dinge sind und woher sie kommen, was der Mensch ist, was Gott ist und welche Eigenschaften er hat,

- den ethischen Aspekt, der Anweisungen gibt, wie man sich im allgemeinen und besonders im moralischen Sinne zu verhalten hat,
- die inspirierende Kraft der Religion für die Kunst und für andere menschliche Aktivitäten.

Heute leben mehr als 2 Milliarden Christen, 1,2 Milliarden Muslime, 810 Millionen Hindus, 380 Millionen Taoisten, 360 Millionen Buddhisten, 12 Millionen Juden und 6 Millionen Konfuzianer auf der Erde, sowie Millionen Gläubige, die anderen Theorien und Lehren anhängen (Anke Fischer in: Die sieben Weltreligionen).

- *Judentum, Christentum, Islam* haben ihre Wurzeln in dem „Abrahamischen Modell der göttlichen Offenbarung", nach dem die Welt von einem gütigen Gott geschaffen wurde. Die von Gott geschaffenen Realitäten in der physikalischen Welt sind weniger wert als der Mensch, dem sie untertan sind. Der Mensch soll sich daher nicht nach der Wirklichkeit dieser Welt richten, sondern muss sein Verhaltensmodell in Gott selbst suchen. Gott offenbart sich weniger durch seine Schöpfung als durch seine „Offenbarung". Er kann über „Propheten" oder „Engel" der Welt ein „Gesetz" verkünden, wie im Judentum (Tora) und im Islam (Koran), oder durch die Menschwerdung als „Gottessohn" in die Welt eingehen wie im Christentum. Das Christentum betont das Prinzip der *Nächstenliebe* und verkündet, dass die Seele als persönliches Attribut jedes Menschen betrachtet werden muss, sie ist unsterblich, aber unlösbar mit einem einzelnen Individuum verbunden.
- Der *Buddhismus* ist eine nicht-theistische Religion, die sich an alle Menschen richtet. Sie versteht sich nicht als Offenbarung, sondern als Entdeckung der Weltzusammenhänge mit den vier edlen Wahrheiten und dem edlen achtfachen Pfad.
- Der *Hinduismus* kennt keinen Religionsstifter und kein Dogma, denkt zyklisch (Geburt, Tod, Wiedergeburt) und richtet sich nach dem in Indien entstandenen religiösphilosophischen System des *Sanatana Dharma* (ewiges Gesetz) mit unterschiedlichen Gottesvorstellungen und dem Prinzip des Karma (Seelenwanderung).
- Der *Konfuzianismus* entwickelte sich aus den Lehren des Konfuzius und war bis zum Ende des chinesischen Kaiserreichs zeitweise chinesische Staatsreligion. Er gründet sich auf die Prinzipien der Menschlichkeit und Gegenseitigkeit.
- Der *Taoismus* (auch als *Daoismus* bezeichnet) basiert auf den Lehren des Laotse und beschäftigt sich mit der Harmonie von Mensch und Natur. Im Zentrum des religiösen Taoismus steht vor allem die Suche nach der Unsterblichkeit.

Die **Naturphilosophie** der Antike, die mit einem *Pantheismus* auch die Natur sowie die Seele und Handlungen des Menschen einbezog, hat ihre Ursprünge an der Westküste Kleinasiens (Ionien, heute Türkei), auf Sizilien, in Unteritalien und in Athen, Abb. 1.3. *Die Philosophie der Griechen zieht uns deshalb so sehr an, weil nirgends auf der Welt, weder vorher noch nachher, ein so fortgeschrittenes, wohlgegliedertes Gebäude aus Wissen und Nachdenken errichtet worden ist,* betont der Physik-Nobelpreisträger und Mitbegründer der Quantenphysik Erwin Schrödinger in seinem Buch Die Natur und die Griechen (Schrödinger 1958).

1.1 Ethik – Religion – Naturphilosophie

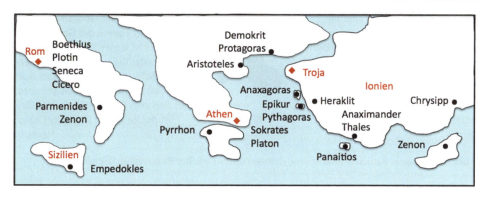

Abb. 1.3 Philosophen der abendländischen Antike und ihre Geburtsorte bzw. Wirkungsstätten

Thales von Milet (ca. 625–547 v. Chr.) wird als erster Philosoph überhaupt angesehen. Als Mathematiker entdeckte er den Satz des Thales (jedes in einen Halbkreis einbeschriebene Dreieck ist rechtwinklig) und soll die Höhe ägyptischer Pyramiden mit dem Strahlensatz berechnet haben. Als Philosoph nahm er ein universelles belebendes Prinzip mit dem Namen *Wasser* als Symbol für die Vielfalt dynamischer, lebenserhaltender Funktionen an. Anaximander (611–545 v. Chr.) und Anaximenes (585–525 v. Chr.) von Milet versuchten das „All des Seienden" auf ein erstes Prinzip (Arche) zurückzuführen, für das Anaximander das Unbegrenzte – *woraus die Dinge entstehen und wohin sie vergehen* – und Anaximenes die Luft nannte, sie trage die Welt.

Heraklit von Ephesos (544–483 v. Chr.) entwickelte die Konzeption des *Logos*, als kosmologisches, alles begründendes und bestimmendes Prinzip und erhob das „Feuer" zu seinem Symbol. Das „Eingebettetsein" von Physik in die *philosophia* der Antike macht der Physiker Heisenberg in seinem Buch PHYSIK UND PHILOSOPHIE mit folgendem Vergleich deutlich:

> Wenn man das Wort „Feuer" durch das heutige Wort „Energie" ersetzt kann man Heraklits Aussagen als Ausdruck unserer modernen Auffassung ansehen. Die Energie ist tatsächlich der Stoff, aus dem alle Elementarteilchen, alle Atome und überhaupt alle Dinge gemacht sind, und gleichzeitig ist die Energie auch das Bewegende.

Heraklit nahm an, das alles durch „Wandel" als Strukturprinzip bestimmt ist. Er illustriert den ständigen Wandel durch das Bild vom Fluss, dessen Wasser ständig wechselt und der dennoch derselbe bleibt. (*Man kann nicht zweimal in denselben Fluss steigen*). Das von Heraklit vertretene Prinzip des ständigen Wandels wurde später durch den Aphorismus *alles fließt* ausgedrückt. Abb. 1.4 zeigt Analogien zwischen östlichen und westlichen Symbolen.

Parmenides von Elea (515–445 v. Chr.) entwickelte die Grundzüge einer „Lehre von dem Wissen des Seins". Das Sein ist ungeworden und unvergänglich. Es ist ein „unzerlegbares Ganzes" und muss als einheitlich und ruhend angesehen werden: *Dasselbe nämlich*

Das *Tao* ist der Urgrund aller im Wandel bestehenden Erscheinungen, das schaffende Prinzip und die Einheit der Widersprüche, symbolisiert drch Yin (weiß, kalt, negativ) und Yang (schwarz, warm, positiv). Die S-Kurve kennzeichnet den dynamischen Charakter der Gegensätzlichkeit.
Laotse

Alles wird regiert vom Logos, dem Gesetz der Einheit der Gegensätze. Nichts ist vorstellbar ohne seinen Gegensatz: Tag und Nacht, Wachen und Schlafen, Leben und Tod. Aus dem Spannungsfeld der Gegensätze leitet sich alles Geschehen ab. Wandel ist das generelle Strukturprinzip.
Heraklit

Abb. 1.4 Symbole östlicher Philosophie (Laotse) und westlicher Philosophie (Heraklit)

ist Wissen und Sein. Die Anhänger der Lehre des Parmenides werden als *Eleaten* bezeichnet. Zenon von Elea (490–430 v. Chr.) verteidigte die Lehre des Parmenides durch eine scharfsinnige und überzeugende (dialektische) Beweisführung.

Anaxagoras von Klazomenai (ca. 500–428 v. Chr.) war in Athen einer der ersten Philosophen. Er ging von dem Grundsatz aus, dass „nichts aus nichts entstehen kann" und dass es eine unendliche Vielfalt von Stoffqualitäten in kleinen Einheiten gibt. Nach heutiger Interpretation können seine Überlegungen als *Prinzip der Selbstorganisation der Materie* aufgefasst werden. Anaxagoras sah im Unterschied zum mythisch-magischen Denken seiner Zeit z. B. in den Gestirnen keine göttlichen Wesen, sondern Himmelskörper ähnlich der Erde, womit die Naturphilosophie erweiterte Dimensionen bekam.

1.2 Urelemente und Atomismus

Nachdem Thales das *Wasser* zum allerersten Anfang (Arche) erklärt hatte, Anaximenes die *Luft* und Heraklit das *Feuer* ging Empedokles (495–435 v. Chr.) als erster Denker der Antike von diesem „Monismus" zu einem „Pluralismus" über und bezeichnete die vier Elemente *Wasser, Luft, Feuer, Erde* als die „Wurzeln der Dinge". Er nahm in mythologischer Sprache an, dass durch „Liebe" und „Zwietracht" zwischen den vier Elementen die Vielfalt der Dinge entsteht. Auch in diesem Modell erscheint „Physik" eingebettet. Ersetzt man nämlich den Begriff „Liebe" durch „Anziehungspotential" oder „chemische Bindung" und den Begriff „Zwietracht" durch „Abstoßungspotential" so erscheint das Modell des Empedokles als ein Vorläufer der heutigen Vorstellung von der Bildung von Stoffen aus chemischen Elementen.

Aristoteles (384–322 v. Chr.) ergänzte das Modell des Empedokles durch ein fünftes Urelement (*Quintessenz*) als Symbol des Himmels (Sonne, Mond, Sterne). Die fünf Elemente wurden durch vollkommen regelmäßige Polyeder symbolisiert, Abb. 1.5. Die Symbolkörper können zerlegt und daraus neue „Modellbausteine der Materie" aufgebaut werden. Beispielsweise können ein Tetraeder (Symbol Feuer) und zwei Oktaeder (Symbol Luft) in zwanzig gleichseitige Dreiecke zerlegt und daraus ein Ikosaeder (Symbol Wasser) aufgebaut werden.

1.2 Urelemente und Atomismus

Abb. 1.5 Die Urelemente der klassischen Antike

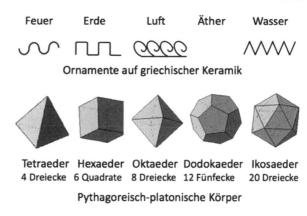

Abb. 1.6 Die Urelemente in östlichen Kulturkreisen

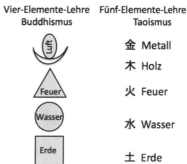

In anderen Kulturkreisen entstanden ähnliche Modelle der „Elemente der Natur" – im Buddhismus die *Vier-Elemente-Lehre* und im Taoismus die *Fünf-Elemente-Lehre*, Abb. 1.6.

Die Vorstellung, dass die Natur in allen ihren Erscheinungsformen aus einer besonderen Mischung der vier Grundelemente erklärbar sei, hatte bis zum Anfang des 19. Jahrhunderts, d. h. bis zur Entdeckung des Sauerstoffs und der daraus folgenden Entstehung der heutigen Chemie, wissenschaftlichen Anspruch.

Atomismus

Der antike Atomismus – begründet von Leukipp von Milet (460–370 v. Chr.) und Demokrit von Abdera (460–371 v. Chr.) – postuliert die Existenz von kleinsten (selbst unteilbaren) Teilchen (Atomen), die in unterschiedlicher Kombination Art, Form und Veränderung der Dinge bestimmen. Alle Atome haben ein eigenes ursprüngliches Vermögen zur Bewegung. Zwischen den Atomen befindet sich das „Leere", also der Zwischenraum.

Die gesamte Wirklichkeit lässt sich in ihren Strukturen und Prozessen vollständig durch die unterschiedlichen Bewegungsarten, die Verbindungen oder Auflösungen von Atomverbänden im Leeren erklären.

- **Naturphilosophie des Thales**
  Archetypisches Modell: Wasser als Symbol für die Vielfalt lebenserhaltender Funktionen

- **Atomismus des Demokrit**
  Das Universum ist aus kleinsten Teilchen (Atomen) aufgebaut, die sich im leeren Raum bewegen

  ● ● ● ● ●   Postulate: Die Materie (Atome) existiert
  ● ● ● ● ●   Die Leere existiert
  ● ● ● ● ●   Der Kosmos ist unendlich
  ● ● ● ● ●   Es gibt keinen Mittelpunkt
  ● ● ● ● ●   Die physikalischen Gesetze sind universell

Abb. 1.7 Modellvorstellungen der Naturphilosophie und des Atomismus

Der Atomismus begründete eine vollständig neue Auffassung, wie ein Vergleich mit der früheren „Naturphilosophie" zeigt, Abb. 1.7.

- Die Naturphilosophie des Thales sucht nach einem einheitlichen „Urstoff" und nimmt archetypisch „Wasser" als das Urelement an.
- Im Unterschied dazu postuliert der antike Atomismus, dass alle Dinge – also auch der „Urstoff Wasser" des Thales – aus kleinsten Teilchen, den Atomen, bestehen.

Mit dem Modell des Atomismus erläutert Demokrit anhand formaler Charakteristika der Atome die Unterschiede zwischen den von Empedokles postulierten vier Elementen *Erde, Luft, Wasser, Feuer* und dem fünfte Element, dem Äther des Aristoteles, jener materielle Substanz, die die Himmelswelt, das Denken und die Intelligenz formt.

Auch der Geist ist aus Atomen aufgebaut, er ist eine „psychische Materie". Es handelt sich hier um die erste philosophische Darstellung des „Materialismus", demzufolge alles Existierende ohne Ausnahme als eine Kombination aus atomaren Grundtypen zu erklären ist.

In der Theorie des Atomismus kann auch eine gewisse Analogie zur Schrift gesehen werden, da sich Atome miteinander verbinden wie die Buchstaben des Alphabets. Damit sind die Dinge und Wesen der Welt abhängig von:

- der *Form* der Atome, aus denen sie gebildet werden, so wie der Buchstabe A sich vom Buchstaben N unterscheidet,
- der *Position* der Atome oder Buchstaben in einem „Atomverband" (Stoff) oder der Buchstaben in einem „Wortverband",

- der *Ordnung*. Die atomare Sequenz AN unterscheidet sich von NA, so wie z. B. die gleichbuchstabigen Worte REGEN und NEGER. Auf diese Weise kann eine begrenzte Anzahl von Atomen die Komplexität der Welt erklären, ähnlich wie sechsundzwanzig Buchstaben ausreichen, um alle Wörter zu bilden.

Determinismus

Der philosophische und wissenschaftliche Determinismus, der von Demokrit begründet wurde, behauptet, dass zwischen allen Naturphänomenen eine notwendige Beziehung existiert, die auf dem Prinzip von Ursache und Wirkung beruht. Ein System wird als deterministisch bezeichnet, wenn durch seinen „Zustand" zu einem beliebigen Zeitpunkt und geltende „Naturgesetze" der Zustand des Systems zu jedem zukünftigen Zeitpunkt vollständig bestimmt ist. Wenn die hierbei angenommenen Naturgesetze als „Kausalgesetze" gedacht werden, spricht man von einem kausalen Determinismus oder mit Bezug auf die Welt von einem kosmologischen Determinismus. Ein Sonderfall des kausalen Determinismus ist der „theologische Determinismus" mit der „Prädestinationslehre", die alles Geschehen in der Welt auf dessen Vorbestimmung durch Gottes (unerforschlichen) Tatschluss und Willen zurückführt.

1.3 Maß und Zahl

Maß *ist* für die Philosophen der klassischen Antike ein Grundbegriff, der das „Stimmige" bezeichnet. Ein stimmig geführtes Leben kann als etwas das nach „Maßen geordnet ist", beschrieben werden und dies muss auch für den **Staat** gelten.

Nichts im Übermaß ist ein bekannter Aphorismus, der Solon (640–560 v. Chr.) dem ersten historisch nachweisbaren Gesetzesschöpfer des Athener Stadtstaates, zugeschrieben wird. Der Wortlaut von Solons Gesetzen, in der Überlieferung als erste „Athenische Verfassung" bezeichnet, ist nicht erhalten. Auf die Frage nach dem besten Staat soll Solon geantwortet haben (überliefert von Platarch, Dialog Das Gastmahl der sieben Weisen): „Der Staat, in dem ein Verbrecher genauso von allen, denen er nichts getan hat, wie von dem einen, dem er etwas getan hat, angeklagt und bestraft wird". Der griechische Philosoph und Politiker Demetrios von Phaleron (350–280 v. Chr.) schreibt Solon auch folgende Sinnsprüche zu:

- Rate nicht das Angenehmste, sondern das Beste den Bürgern.
- Wenn du von anderen Rechenschaft forderst, gib sie auch selbst.
- Wahre deine Anständigkeit treuer als deinen Eid.
- Sitze nicht zu Gericht, sonst wirst du dem Verurteilten ein Feind sein.
- Lerne beherrscht zu werden, und du wirst zu herrschen wissen.
- Lüge nicht, sondern sprich die Wahrheit.

Abb. 1.8 Grundlagen der Musiktheorie nach Pythagoras

- Siegle deine Worte mit Schweigen, dein Schweigen mit dem rechten Augenblick.
- Erschließe das Unsichtbare aus dem Sichtbaren.

Der aus der klassischen Antike stammende Sinnspruch „Das Maß ist die beste Sache" kann als ein Merkmal für das gesamte griechische Denken angesehen werden. Aristoteles formuliert es so:

> Der wahre Mensch wählt das Maß und entfernt sich von den Extremen, dem Zuviel und dem Zuwenig.

Zahl ist eine abstrakte *funktionale Recheneinheit* in der Mathematik und nicht zu verwechseln mit dem Zeichen, das eine Zahl symbolisiert, z. B. sind „4" und „IV" unterschiedliche Zahlensymbole für eine einzige Zahl.

Seit Pythagoras stehen die natürlichen (ganzen) Zahlen im Zentrum abendländischer Naturdeutung. Pythagoras von Samos (um 580–496 v. Chr.) hatte in Crotone in Kalabrien die religiös-philosophische Bewegung des *Pythagoreismus* begründet, einer auf Zahlen basierten Lehre. *Ich kenne keinen anderen Menschen, der einen solchen Einfluss auf das menschliche Denken ausgeübt hat wie Pythagoras,* sagt der Philosoph Bertrand Russel (1872–1970). Philolaos (etwa 470–400 v. Chr.) verfasste die erste Schrift der Pythagoreer und vertrat die Ansicht, dass „Zahlenverhältnisse" nicht nur das Sternensystem (mit der Erde als beweglichem Himmelskörper) beschreiben, sondern auch Anordnungen von konkreten Dingen und moralischen Werten symbolisch darstellen können. Phythagoras verbindet mit dem Aphorismus *Alles ist Zahl* die Vorstellung, dass der Kosmos durch Zahlenverhältnisse geordnet ist, die sich der philosophischen Betrachtung als „Sphärenharmonien" erschließen. Er hatte erkannt, dass der harmonische Zusammenklang von Tönen durch Zahlenverhältnisse bestimmt wird und entdeckte, dass bei einem *Monochord* mit einer Saite über einem beweglichen Steg, bei einer musikalischen Oktave das Saitenlängenverhältnis 1:2, bei einer Quinte 3:2 und bei einer Quarte 4:3 ist, Abb. 1.8.

Die Zahlensymbolik der Pythagoreer geht von einer „magischen Macht der Zahlen" aus, Abb. 1.9.

1.3 Maß und Zahl

2-wertigkeit, Symbol der Dualität | Triade Symbol der Geburt des Kosmos | Vierheit, z. B. vier Himmelsrichtungen und vier Jahreszeiten | Pentagon: Symbol der Gestalt des Menschen | Die Tetrakrys: Perfektiion und Hierarchie

Abb. 1.9 Illustrationen zur Zahlensymbolik der Pythagoreer

- Die Zahl **1** ist der „Erschaffer" der zum Zählen verwendeten Zahlen 1, 2, 3, ...
- Die Zahl **2** kennzeichnet als Mitte zwischen Einheit und Dreiheit die *Dualität*, ihr kann auch eine negative Bedeutung („Doppelzüngigkeit") beigemessen werden.
- Die Zahl **3** ist als Dreischritt von *Sein – Leben – Denken* das Symbol der kosmischen Geburt. Verschiedene Glaubenslehren kennen den Begriff der „göttlichen Triade".
- Mit der Zahl **4** wird hypothetisch das „Geschaffene" verbunden. Die vier Körperzustände *kalt, warm, feucht, trocken* werden als Grundbegriffe der Medizin angesehen und daraus eine Psychologie der „Temperamente" konstruiert:
  (1) Phlegmatiker (kalt-feucht),
  (2) Choleriker (warm-trocken),
  (3) Sanguiniker (warm-feucht),
  (4) Melancholiker (kalt-trocken).
  Es gibt die vier Lebenszeiten Kindheit, Jugend, Reifezeit, Alter und die vier Jahreszeiten Frühling, Sommer, Herbst und Winter.
- Die **5** verknüpft in der antiken Tradition das Pentagon mit der Gestalt des Menschen (Kopf, zwei Hände und zwei Füße).
- Die **7** ist nach Pythagoras „die perfekte Zahl". Sie verknüpft die Dualität von Geist und Seele und das Pentagonsymbol des Menschen.
- Die Zahl **10**, Summe der Zahlen 1, 2, 3, 4 (heute die Basis des Dezimalsystems) wurde von den Pythagoreern als „Mutter aller Zahlen" angesehen.

Pythagoras entwickelte eine „arithmetische Geometrie" und maß Zahlen neben ihrer abstrakten mathematischen Dimension auch eine räumliche Bedeutung zu. Der nach ihm benannte „Satz des Pythagoras" wird im Mathematikunterricht in jeder Schule gelehrt, (Abb. 1.10), ebenso wie die Lehrsätze der Geometrie des Euklid von Alexandria (360–280 v. Chr.). Die *euklidische Geometrie* ist ein axiomatisch aufgebautes Lehrgebäude der anschaulichen Geometrie der Ebene oder des dreidimensionalen Raumes.

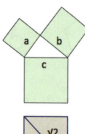

Abb. 1.10 Der Satz des Pythagoras und die Inkommensurabilität

Die pythagoreische Theorie der „Beschreibbarkeit der Welt durch natürliche Zahlen" stieß allerdings an ihre Grenzen bereits bei der Analyse eines einfachen Quadrats mit der Seitenlänge 1. Dessen Diagonale ist nämlich „inkommensurabel", d. h. ihre Länge lässt sich nicht als ganze Zahl oder als Verhältnis ganzer Zahlen ausdrücken, sondern ist eine „irrationale Zahl", nämlich $\sqrt{2}$.

Die Entdeckung der – von den Pythagoreern zunächst geheim gehaltenen – *Inkommensurabilität* erschütterte die Gültigkeit des pythagoreischen Modells der Zahlensymbolik. Eine mathematisch korrekte Definition irrationaler Zahlen gelang erst Georg Cantor und Richard Dedekind Ende des 19. Jahrhunderts.

1.4 Der Kosmos

„Das Wort *Kosmos* wurde von Platon in seinem Werk Timaios (ca. 360 v. Chr.) in der Bedeutung von *Welt* in die Sprachgeschichte eingeführt – als erste Beschreibung der Wirklichkeit, die ein geordnetes Ganzes bildet, das sowohl gut als auch schön ist", schreibt der französische Philosoph Remi Brague in seinem Buch DIE WEISHEIT DER WELT – KOSMOS UND WELTERFAHRUNG IM WESTLICHEN DENKEN (Brague 2006).

Das antike Bild des Kosmos wurde unter Einbeziehung aristotelischer Theorien Mitte des 2. Jh. n. Chr. von Claudius Ptolemäus (100–180) systematisiert. Ptolemäus sah keinen Grund, warum sich die Erde um die Sonne drehen sollte – wie von Aristarch von Samos (310–230 v. Chr.) vertreten – denn dann müsste eine „Parallaxe", d. h. eine Verschiebung der planetarischen Konstellation vor dem Hintergrund der Fixsterne beobachtbar sein. (Die Argumentation des Ptolemäus ist theoretisch korrekt, aber die real vorhandene Parallaxe ist mit bloßem Auge nicht erkennbar und kann nur mit hochauflösenden astronomischen Instrumenten erfasst werden).

Nach Ptolemäus befindet sich die Erde fest im Mittelpunkt des Weltalls. Alle anderen Himmelskörper (Mond, Sonne, die Planeten und der Sternhimmel) bewegen sich auf Kreisbahnen um diesen Mittelpunkt. Dieses *geozentrische Weltbild* beschreibt den Kosmos

1.4 Der Kosmos

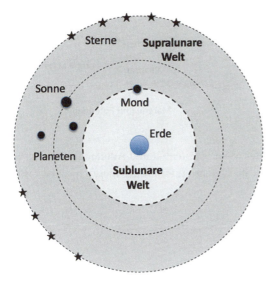

Der aristotelisch-ptolemäische Kosmos

Schema der Teilung der Welt – orientiert an der Mondbahn – in **sublunare Welt** und **supralunare Welt**.

Die Kreisförmigkeit der Umlaufbahn der Gestirne – die von Aristoteles als sichtbarer Aspekt der „Göttlichkeit" angesehen wurde – erlangte in der Antike den Status eines religiösen Dogmas.

Abb. 1.11 Modelldarstellung des antiken Kosmos

als eine Struktur konzentrischer Schichten, die in zwei Zonen mit verschiedenen Gesetzen aufgeteilt ist, Abb. 1.11.

- Die *sublunare Welt* umfasst als Zentrum mit vergänglicher Materie, Pflanzen, Tieren und dem Menschen die Erde und erstreckt sich mit unterschiedlichen Zonen (Wasser, Luft, Äther) bis zur Sphäre des Mondes.
- Die *supralunare Welt* reicht bis zur Grenze des Universums und kennt keine Veränderung, weil sie göttlicher Natur ist. Die Sonne, der Mond und alle Himmelskörper sind eine Manifestation des nicht sichtbaren Göttlichen.

Der höchste Wert ist das „Göttliche". Aristoteles prägt dafür den Ausdruck „unbewegter Beweger", da das Göttliche als höchste Kraft alles auf der Welt bewegt aber selbst unwandelbar unbewegt bleibt. Den „höchsten Begriff" des Göttlichen hatte Aristoteles in seiner systematisch aufgebauten Philosophie wie folgt begründet: Da sich alle Dinge nach dem Grad ihres Wertes ordnen lassen (z. B. Kleineres, Größeres oder Gutes, Besseres), muss es auch einen generellen wertbegrifflichen Abschluss geben, da eine Steigerung ins Unendliche ausgeschlossen ist. Die metaphysische Gotteslehre des Aristoteles spielt als „kosmologischer Gottesbeweis" in der mittelalterlichen Philosophie und Theologie eine bedeutende Rolle.

Die Ordnung des Kosmos stellt sich Aristoteles in einer stufenförmigen gedanklichen Anordnung vor, Abb. 1.12. Auf die bloße Materie folgen die aus Form und Materie bestehenden Wesen mit den Stufen anorganische Dinge, Pflanzen, Tiere, Menschen. Gemäß der Begriffe *Potential* (Möglichkeit, Vermögen) und *Aktualität* (Wirklichkeit) ist Materie

Abb. 1.12 Die Ordnung des Kosmos nach Aristoteles

nur Potential, während die Wesen geformter Materie Potential und Aktualität haben. Das Göttliche ist stoffose Aktualität und bildet den höchsten Punkt der hierarchischen Ordnung aller Wesen.

1.5 Kultur und Kunst

Die **Kulturgeschichte** der Antike beginnt nach klassischer Ansicht mit Homer, dessen Vita im Zeitraum 1200–400 v. Chr. historisch nicht genau belegt ist. Er wird als Schöpfer der Weltliteratur-Epen *Ilias* und *Odyssee* angesehen und ist der erste und bedeutendste Dichter der Antike.

Die *Ilias* (deutsche Übersetzung von Heinrich Voß, 1779–1822) schildert einen Abschnitt des Trojanischen Krieges. Troja (entdeckt 1873 von Heinrich Schliemann) befand sich auf dem 15 m hohen Siedlungshügel Hisarlık an den Dardanellen und kontrollierte seit der Bronzezeit den Zugang zum Schwarzen Meer. Mythischer Auslöser des Trojanischen Krieges war die Entführung der Helena, Gattin von Menelaos (König von Sparta), durch Paris (Sohn des trojanischen Königs Priamos). Nach zehnjähriger Belagerung durch vereinte griechische Krieger gelang es, die stark befestigte Stadt mittels der Kriegslist des „trojanischen Pferdes" des Odysseus – ein hölzernes Pferd mit griechischen Kriegern im Innern, das von den Trojanern in die Stadt geholt wurde – zu erobern. Die *Odyssee* schildert die Abenteuer des Königs Odysseus von Ithaka und seiner Gefährten auf der Heimkehr aus dem Trojanischen Krieg. Der Begriff „Odyssee" wurde zu einem Symbolbegriff für lange Irrfahrten.

Die homerischen Epen beeinflussen bis in die Gegenwart die europäische Kunst- und Geisteswissenschaft. Sie haben erheblich zur Entwicklung der antiken religiösen Vorstellungen beigetragen und beschreiben die **Götter des Olymp**:

Zeus als Göttervater und Familiengöttin Hera sowie Meeresgott Poseidon, Lichtgott Apollon, Wissenschaftsgöttin Athene, Liebesgöttin Aphrodite, Götterbote Hermes und weitere Olympier.

Das Werk Homers veranschaulicht wie in einem *Kaleidoskop* (griechisch: *schöne Formen sehen*) die fundamentalen Grundlagen des griechischen Geistes: die Vorstellung vom Göttlichen, den Kult der Gastfreundschaft, den individuellen Mut, die Liebe, die Freude an der Schönheit und die genaue Beobachtung der Natur.

1.5 Kultur und Kunst

Abb. 1.13 Das Dionysostheater in Athen, errichtet um 330 v. Chr. mit 78 Sitzreihen für 17.000 Zuschauer

Die vier „Kardinaltugenden" sind *Mäßigung, Weisheit, Gerechtigkeit, Tapferkeit*. Die Begriffsbildung geht auf Aischylos (525–456 v. Chr.) zurück, der mit Sophokles (497–406 v. Chr.) und Euripides (486–406 v. Chr.) zu den großen Tragödiendichtern der Antike gehört.

Die *Tragödie* ist eine ganz eigene, außerordentliche Schöpfung des griechischen Geistes, sie beeinflusst bis heute die Theaterwelt. Die griechische Tragödie behandelt schicksalhafte Verstrickungen in eine ausweglose Lage, gekennzeichnet durch das Attribut „schuldlos schuldig". Die von den griechischen Tragödiendichtern behandelten Themen reichen von philosophischen bis zu religiösen und existentiellen Fragestellungen Das Schicksal (oder die Götter) bringen den Akteur in eine unauflösliche Situation – den für die griechische Tragödie typischen Konflikt – welcher den inneren und äußeren Zusammenbruch einer Person zur Folge hat. Es gibt keinen Weg nicht schuldig zu werden, ohne seine Werte aufzugeben.

In den klassischen Aufführungen hatte der Chor (platziert im Orchestra vor dem Zuschauerbereich als Dialogpartner für die maximal drei Schauspieler) als „Stimme von außen" die Aufgabe, die dargestellten Ereignisse politisch, philosophisch oder moralisch zu kommentieren und zu interpretieren. Als Geburtsstätte der Tragödie und des Theaters der griechischen Antike überhaupt gilt das Dionysostheater (Südhang der Athener Akropolis), wo jährlich auch mit Gesangs-, Tanz- und Opferriten die Dionysos-Festspiele zu Ehren des Gottes des Weins und der Ekstase gefeiert wurden, Abb. 1.13.

Denken in **Proportionen** war in der klassischen Antike eine der meistgebrauchten Methoden. Die Proportionalität wurde zu einem ideellen Kriterium erhoben, das auf alle Äußerungen des Seins anwendbar war. So konnte z. B. ein Denker sagen „das Sein verhält sich zum Werden wie die Wissenschaft zur Meinung". In der **Kunst** entwickelten Künstler und Architekten besondere Proportionalitätsregeln für Kunstwerke und Bauten.

Kunst der Antike mit klassischen Proportionen

Goldener Schnitt:
Proportionalität von a und b,
so dass a:b = (a+b):a = Φ,
Φ = (1 - √5)/2 ≈ 1,618

a	b
	a
61,8 %	38,2 %

Göttinnen der Anmut
(Metropolitan Museum of Art, New York)

Mädchenstatuen (Karyatiden) am Tempel der Akropolis in Athen

Die Venus von Milo mit klassischen Propotionen (Louvre, Paris)

Proportionalitätsstudie des menschlichen Körpers von Leonardo da Vinci (1492) nach der Vorlage von Vitruv (1. Jhd. v. Chr.). Das Verhältnis von Quadratseite zu Kreisradius entspricht mit einer Abweichung von etwa 2% dem Goldenen Schnitt

Proportionalitätsregeln des Polyklet für Statuen

Die Regeln des Polyklet empfehlen, der Statue ein dynamisches Gleichgewich mittels eines ausgewogenen proportionalen Verhältnisses der Körperglieder zueinander zu verleihen.
- Dem linken angewinkelten Bein und dem zurückgesetzten Fuß sollte ein Absenken der rechten Schulter entsprechen.
- Dem angewinkelten Bein wird auf derselben Seite der linke gebeugte Arm zugeordnet.
- Dem Standbein entspricht rechts der gesenkte Arm.
- Der Kopf (1/8 des Körpers) soll sich zur entgegengesetzten Seite von angewinkeltem Bein und gebeugtem Arm neigen.

Speerträger, Polyklet
Römische Kopie, Marmor.

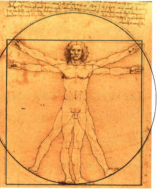

Bronzestatuen von Riace (2 m)
1972 gefunden, Polyklet zugeordnet.

Abb. 1.14 Der Begriff der Proportion und seine Anwendung in der Kunst der Antike

Proportion ist ein Äquivalenzverhältnis zur Beschreibung von Sachverhalten – bezeichnet z. B. mit A, B, C, D – die in einem Zusammenhang stehen. Die Proportionalitätsregel besagt, dass sich A zu B verhält, wie C zu D, mathematisch ausgedrückt: A/B = C/D.

Im Hinblick auf die Anwendung des Proportionalitätsdenkens in der Kunst kam die Frage auf, ob sich auch visuelle Schönheit durch Zahlenverhältnisse ausdrücken lässt. Es wurden verschiedene Theorien entwickelt, die mit Hilfe der Geometrie das Vergnügen an ästhetischer Empfindung erklären sollten. Von besonderer Bedeutung waren der als „Göttliche Proportion" angesehene „Goldene Schnitt" und die Anwendung von Proportionalitätsregeln in der Architektur und der Darstellung des menschlichen Körpers, Abb. 1.14.

1.6 Denkrichtungen der Antike

Die frühen Denker der Naturphilosophie versuchten, *ein Bild von der Welt als wohlgeordnetes Ganzes* zu entwerfen. Als deutlich wurde, dass die einzelnen unterschiedlichen Hypothesen des „Reduktionismus auf ein einziges Urprinzip" die Welt nicht universell erklären konnten, entstanden noch in der Antike und in den späteren Epochen der Weltgeschichte „dualistische" Sichtweisen:

- der platonische Dualismus zwischen Idee und wahrnehmbarer Erscheinung,
- im christlichen Mittealter der Dualismus zwischen Leib und Seele,
- in der Neuzeit der wissenschaftlich-kartesianische Dualismus von Geist und Materie.

Zunächst entwickelte sich in der Zeit 450–380 v. Chr. in den griechischen Stadtstaaten die neue einflussreiche geistige Bewegung der *Sophisten*. Sie haben erstmals den Menschen und das Denken selbst zum Gegenstand des Nachdenkens gemacht.

Die Sophisten waren umherziehende Redner, Pädagogen und Politikberater und vermittelten gegen ein Entgelt Wissen über alle Bereiche des praktischen Lebens, wobei sie eine kritische Haltung gegenüber den traditionellen Überzeugungen einnahmen. Ihre dialektische Argumentationstechnik (Kunst des Widerspruchs) begründete die Relativität aller gebräuchlichen Aussagen, Prinzipien und Begriffe. Hauptvertreter des Sophismus waren Protagoras von Abdera (ca. 485–415 v. Chr.) und Gorgias von Leontinoi (ca. 485–396 v. Chr.), sie vertraten folgende Thesen:

- Die Realität ist nicht direkt erkennbar (Phänomenalismus).
- Jede Erkenntnis ist vom Subjekt abhängig (Subjektivismus, Relativismus).
- Es ist unmöglich über die Wahrheit oder Unwahrheit irgendeiner These zu entscheiden (Skeptizismus).

Diese Thesen wurden von Protagoras in dem berühmten Ausspruch zusammengefasst: *Der Mensch ist das Maß aller Dinge.* Dieser Leitsatz drückt nach Protagoras den Grundsatz der Relativität aller Wahrheitsbehauptungen aus. Nur in Bezug auf bestimmte Menschen kann über die Gültigkeit von Behauptungen entschieden werden. Die Sophisten lehrten, dass es zu jeder Sache bzw. in einer jeden Angelegenheit zwei einander entgegen gesetzte, gleichberechtigte Meinungen geben könne. Die Ansichten der Meinungsvertreter können zueinander „orthogonal" sein, wie ein zeitgenössisches Gemälde illustriert, Abb. 1.15.

Sokrates von Athen (470–399 v. Chr.) begründete die klassische Periode der griechischen Philosophie und vollzieht die Wende von der „vorsokratischen" Naturphilosophie

Abb. 1.15 *Streit im Mondschein* Victor Bogdanov, St. Petersburg, 1998 Privatbesitz

zur Ethik. Er wandte sich gegen das sophistische Motto nur das zu glauben, was man möchte, denn das führe zur „Auflösung der Vorstellung von der Wahrheit". Seine Kritik der Sophistik richtete sich insbesondere gegen die Vermischung von Philosophie und das Spektakel der rhetorischen Darstellung von *Antinomien* (Widersprüchen), mit denen eine These zunächst mit schlagkräftigen Argumenten überzeugend vertreten und dann mit ebenso triftigen Argumenten widerlegt wurde – womit die Strittigkeit jeder These demonstriert werden könne. Im Unterschied zu den Sophisten vertraut Sokrates nur der Vernunft, deren innewohnende Gesetzlichkeit im vernünftigen Gespräch die wahre Einsicht zutage fördert. Er vergleicht seine Tätigkeit mit der seiner Mutter, einer Hebamme. So wie sie einer gebärenden Mutter hilft, hilft Sokrates seinem Gesprächspartner bei der „Geburt der Wahrheit".

Am Anfang eines sokratischen Dialogs steht meist eine Frage des Typs: Was ist X? Für die Variable X stehen konkrete ethische Themen. Die Dialogtechnik verfolgte ein doppeltes Ziel

- die kritische Prüfung und/oder Widerlegung von Behauptungssätzen
- die Erzeugung einer begründeten Antwort auf die Eingangsfrage mittels einer Begriffsdefinition.

1.6 Denkrichtungen der Antike

Sokrates vernunftbasierte, Mythen und Aberglauben ablehnende Gespräche mit den Athener Bürgern wurden von der Obrigkeit missverstanden. Er wurde wegen Gottlosigkeit und Verführung der Jugend zum Tode verurteilt (Schierlingsbecher trinken). Sokrates hat nichts Schriftliches hinterlassen. Beispiele *Sokratischer Dialoge* hat sein Schüler Platon in eindrucksvoller Weise dargestellt. Das von Sokrates gesuchte Wissen ist ein praktisches Wissen, das die Erkenntnis von Gut und Böse zum Inhalt hat, sich durch kritische Selbstprüfung absichert und den Menschen ein vernunftorientiertes Handeln empfiehlt.

> Erkenne dich selbst und handle mit Vernuft

Die philosophischen Tätigkeiten des Sokrates führten zu den bedeutendsten philosophischen Entwicklungen der Menschheitsgeschichte

- den *Dualismus* des Platon, Schüler des Sokrates (siehe Abschn. 1.7),
- die *Seinslehre* des Aristoteles, Schüler des Platon (siehe Abschn. 2.2).

Die von Sokrates betonte „Geringschätzigkeit für alles Materielle" führte aber auch zur Denkrichtung des *Kynismus,* auch *Autarkie* genannt, die sein Schüler Antisthenes (445–365 v. Chr.) und Diogenes (413–323 v. Chr.) entwickelten. Die Kyniker demonstrierten Bedürfnislosigkeit („Diogenes in der Tonne") und verkündeten. dass sie keine Regierung, kein Privateigentum, keine Ehe und keine Religion mehr wollten. Die Autarkie entwickelte ein menschliches Verhaltensmuster, das über die Jahrhunderte und bis heute typisch für zahllose Bewegungen ist (Anarchisten, Aussteiger). Die Autarkie hält ein exzentrisches Verhalten und die Anfechtung der bestehenden Ordnung für ethisch wertvoll und interpretiert die „Freiheit" als Beseitigung überflüssiger Bedürfnisse und „Rückkehr zur Natur".

In der griechisch-römischen Antike entstanden weitere Denkrichtungen und verschiedene **Philosophieschulen**, die Handlungsanleitungen für das tägliche Leben vermittelten.

Epikur

Nach antiker Überlieferung vertrat Epikur (342/341–271/270 v. Chr.) die Auffassung, dass die Philosophie eine Tätigkeit sei, die durch Gedanken und Diskussionen ein glückliches Leben schafft. **Glück** bedeutet Gesundheit des Körpers, Seelenruhe und ein angstfreies ruhiges Leben durch die bewusste Ausschaltung von Ängsten, Schmerzen und falschen Begierden. Er betonte, dass der Zustand des Glücklichseins nur durch ein tugendvolles Leben, nüchternes Denken und sicheres Wissen erreichbar sei.

Die Ethik Epikurs wird als **Hedonismus** (griech. hedone: Lust) bezeichnet. Sie richtet sich vor allem gegen die Furcht vor den Göttern, die Zukunftsangst, die Todesangst, ein maßloses Genussleben und die Schicksalsgläubigkeit unter den Menschen seiner Zeit. *Alles was der Körper will, ist nicht frieren, nicht hungern, nicht dürsten. Alles was die Seele will, ist nicht Angst haben.* Epikur hält die Selbstgenügsamkeit für ein hohes Gut. Den Lu-

Abb. 1.16 Säulenhalle in Athen

xus genießt am meisten, wer seiner am wenigsten bedarf. Der Epikureismus unterscheidet zwischen den folgenden Bedürfnissen des Menschen:

- Die primären natürlichen und notwendigen Bedürfnisse, wie Essen und Trinken, müssen immer befriedigt werden, da sie wesentlich für die Seelenruhe sind.
- Die nicht natürlichen und nicht notwendigen Bedürfnisse (Schönheit, Reichtum. Macht) müssen stets zurückgewiesen werden, weil sie Quelle emotionaler Unruhe sind.
- Die zwischen diesen Extremen liegenden maßvollen Bedürfnisse (gut essen, gut gekleidet sein) sind soweit zu befriedigen wie sie nicht zu anstrengend oder zu kostspielig werden. Keinesfalls darf der Mensch Sklave der eigenen Begierden, Triebe oder Gefühle werden, nicht einmal der ethisch positiven, wie Liebe oder Großzügigkeit.

Die Lehre Epikurs schaltet konsequent das mythische Denken aus, sie gilt bis heute als Muster für ein naturalistisches Denken.

Die Stoa

Die Philosophieschule der Stoa, gegründet Zenon von Kition (335–262 v. Chr.), wurde nach der Säulenhalle im Zentrum von Athen (Abb. 1.16) benannt, in der die Lehrer unterrichteten.

Die Stoa ist eine der wichtigsten hellenistischen Schulen und prägt sich in drei Zeitabschnitten aus:

1.6 Denkrichtungen der Antike

- In der alten Stoa systematisierten Kleanthes von Assos (330–230 v. Chr.) und Chrysipp (279–204 v. Chr.) die Lehre des Zenon. Sie entwarfen eine Philosophie, die an einen großen Weltplan glaubte, nach dem alles seine Bestimmung habe. *Das Schicksal (Fatum) ist das Gesetz des Kosmos, nach dem alles Geschehene geschah, alles Geschehende geschieht und alles Kommende kommen wird.*
- In der mittleren Stoa wurde die Lehre durch Panaitios von Rhodos (185–98 v. Chr.) und Poseidonios von Apameia (135–50 v. Chr.) erweitert. Sie nahm Elemente epikureischen und orientalischen Ursprungs auf und wurde nach Rom übertragen.
- Die späte Stoa wurde in der römischen Kaiserzeit besonders beeinflusst durch den Dichter Seneca, den Sklaven Epiktet und den römischen Kaiser Marc Aurel. Im Mittelpunkt der späten stoischen Philosophie stehen die Lebensbewältigung und moralische Fragen.

Die stoische Moral schreibt vor, „nach der Natur" bzw. jenem Prinzip der Rationalität zu leben. das die Stoiker als grundlegend für den Menschen und das gesamte Universum betrachteten. Im Gegensatz zum Epikureismus, der in der Glückseligkeit das Ziel der Existenz sah, unterscheidet der Stoizismus zwischen:

- *pflichtgemäßem Verhalten*, das stets anzustreben ist: in den Familienverpflichtungen, im Engagement als Bürger, dem Vaterland gegenüber, bei Vereinbarungen und in der Freundschaft,
- *ungerechtem Verhalten*, d. h. einem stets zu vermeidenden Verhalten gegen die Vernunft, dazu gehören alle emotionsbestimmten Handlungen,
- *gleichgültigem Verhalten*, das weder tugend- noch lasterhaft ist und sich auf Dinge bezieht, die den Weisen nicht kümmern (z. B. Reichtum/Armut, Gesundheit/Krankheit, Schönheit/Hässlichkeit).Der Weise strebt nicht nach Geld, er akzeptiert mit Gleichmut sein Lebensschicksal.

Das Vernunftprinzip des geordneten Kosmos von dem als ruhendem Punkt alle Tätigkeiten hervorgehen, sah die Stoa im *Logos* – was bereits von Heraklit als „alles begründendes Prinzip" angesehen wurde. Der Logos steht im Gegensatz zum *Mythos*, der seine Behauptungen nicht durch verstandesgemäße Beweise begründet.

Infolge der Eroberungen Alexander des Großen (*356 v. Chr. in Mazedonien, †323 v. Chr. in Babylon) hatte sich die griechische Kultur und das stoische Denken über die ganze sogenannte zivilisierte Welt verbreitet, Abb. 1.17. Die frühen Stoiker waren zumeist Syrer, die späteren Römer. Die Philosophie der Stoa erreichte mit den einflussreichen Schriften des römischen Philosophen und Staatsmanns Marcus Tullius Cicero (106–43 v. Chr.) das Römische Reich und die Renaissance und wirkt bis in den neuzeitlichen Rationalismus.

Skeptizismus

Die Denkrichtung des Skeptizismus wurde von Pyrrhon (ca. 365–270 v. Chr.) begründet. Er diente als Soldat unter Alexander dem Großen, dessen Feldzüge ihn bis nach Indien führ-

Abb. 1.17 Das Reich Alexander des Großen um 320 v. Chr.

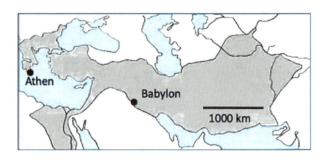

ten. Dabei lernte er viele Völker mit unterschiedlichen, ethnisch-kulturell verschieden begründeten menschlichen Meinungen kennen. Der von Pyrrhon entwickelte Skeptizismus wurde von seinem Schüler Timon von Phleius (320–230 v. Chr.) intellektuell untermauert.

Die *Skepsis* als eine kritische Methode richtet sich gegen die philosophischen Schulen der Epikureer und der Stoiker. Die Skeptiker forderten gegenüber allen Behauptungen, die einen „Wahrheitsanspruch" erhoben, die Anwendung eines skeptischen Prüfverfahrens mit folgenden Schritten:

1. Zu einer gegebenen Aussage mit einem Wahrheitsanspruch wird eine entgegen gesetzte Aussage gefunden, die sich auf denselben Gegenstand wie die gegebene Aussage bezieht.
2. Es wird die Zulässigkeit beider Aussagen festgestellt.
3. Bei der Unmöglichkeit, sich für eine der beiden Aussagen zu entscheiden erfolgt eine Urteilsenthaltung.
4. Aus der Urteilsenthaltung folgt die „Seelenruhe" des Menschen.

Die antike philosophische Skepsis verfügte über ein System von Argumenten (*Tropen*), mit denen alle möglichen Erkenntnisansprüche aus der sinnlichen Wahrnehmung, den logischen Schlussfolgen oder Bereich kultureller Sitten oder Bräuche zurückgewiesen wurden.

Philosophie im Römischen Reich

Das Römische Reich, d. h. das von der Stadt bzw. dem römischen Staat beherrschte Gebiet, erstreckte sich über Territorien auf drei Kontinenten rund um das Mittelmeer, Abb. 1.18 und 1.19. Kultur und Handel erreichten vor allem in der Kaiserzeit eine Hochblüte und die griechische Philosophie wurde von den Römern aufgenommen und weiterentwickelt.

Die **Philosophen der frühen römischen Kaiserzeit** verstanden die Philosophie als ein *System des Wissens mit den Bestandteilen Logik, Ethik und Naturphilosophie*, als eine Lebenskunst und praktische Seelenleitung.

Der Dichter-Philosoph Lukrez (96–55 v. Chr.) sah das Philosophieren als eine naturalistische Weltanschauung, als praktische Anleitung zur individuellen Lebensführung und

1.6 Denkrichtungen der Antike

Abb. 1.18 Römisches Reich um 200 n. Chr.

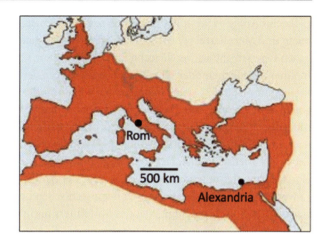

1. Römische Königszeit, ca. 750 bis 500 v. Chr.
2. Römische Republik, 509 v. Chr. bis zum Untergang der Republik infolge der Bürgerkriege ab 133 v. Chr.
3. Römische Kaiserzeit, 27 v. Chr. bis 284.
4. Spätantike, ab 284 bis in das 7. Jahrhundert. Völkerwanderung (375 bis 568), Teilung des Reiches in *Westrom* und *Ostrom* (395), Untergang des Weströmischen Reiches (476/480), Übergang von Ostrom zum Byzantinischen Reich (frühes 7. Jh): römisches Staatswesen + griechische Kultur + christlicher Glaube. Eroberung Konstantinopels durch die Osmanen (1453).

Julius Caesar, 100 – 44 v. Chr.

Nero, 37 – 68   Marc Aurel, 121 – 180

Abb. 1.19 Römisches Reich: Geschichtliche Epochen und Beispiele römischer Münzen

als Gesellschaftskritik. Er stellte in seinem Lehrgedicht *Über die Natur der Dinge* die epikureische Ethik in lateinischer Sprache dar und trug so zum wachsenden Einfluss der Philosophie bei römischen Dichtern und Staatsmännern bei.

Marcus Tullius Cicero (106–43 v. Chr.), römischer Philosoph und Staatsmann, orientierte sich an den Lehren der Stoiker und Skeptiker. Er ist ein Repräsentant des römischen Humanitätsideals und propagierte eine Verknüpfung von umfassender geistiger und sittlicher Bildung, allgemeiner Menschenfreundlichkeit und vornehmer Umgangsart. Cicero wird als der herausragende Redner der römischen Antike angesehen. Er trat für eine Synthese von Philosophie und Rhetorik ein. Für einen perfekten Redner forderte er eine ganzheitliche Bildung, geeignete natürlichen Anlagen (Intelligenz, Beweglichkeit, körperliche Vorzüge), Kenntnis der theoretischen Grundlagen der Rhetorik und redetechnische Übungen um die geistigen und körperlichen Fähigkeiten zu trainieren, die für die Rede von Bedeutung sind.

Lucius Annaeus Seneca (4 v. Chr.–65 n. Chr.), römischer Philosoph, Dichter und Staatsmann und Marc Aurel (121–180), römischer Kaiser, gehörten der römischen gesellschaftlichen Oberschicht an, der Grieche Epiktet (35–138 n. Chr.) war ein freigelassener Sklave. In ihren mündlichen oder schriftlichen Äußerungen verbreiteten sie die stoische Ethik.

Boethius (480–524) lebte in Italien der Völkerwanderungszeit und übte unter dem Ostgotenkönig Theoderich ein hohes politisches Amt aus. Er vertrat als letzter bedeutender römischer Philosoph das antike Ideal der philosophischen Weisheit, das durch ein Streben nach Einsicht in die Anfangsgründe des Weltalls und durch ein moralisch vorbildliches Leben der Menschen den sicheren Weg zum Glück weisen kann. Er bekannte sich zum Christentum, trennt jedoch das geistige Erbe der Antike von christlichen Glaubensfragen. Er wurde zum wichtigsten Vermittler der griechischen Logik, Mathematik und Musiktheorie an die lateinischsprachige Welt des Mittelalters bis in das 12. Jahrhundert.

1.7 Duales Denken

Das von Platon (428/427–348/347 v. Chr.) begründete „duale Denken" ist eine Erweiterung des „Monismus" der Naturphilosophie, die nach einem einzigen universellen Prinzip der Ordnung der Welt und des Denkens suchte. Platons duales Denken begründet eine fundamentale Erweiterung: das philosophische Denken richtet sich nicht mehr nur auf die „Wirklichkeit", sondern wird zur Reflexion auf die „Erkenntnis der Wirklichkeit". Platon (lateinisch Plato) hat kein geschlossenes Lehrgebäude hinterlassen. Der „Platonismus", das geordnete philosophische Denken Platons auf den Feldern der Ethik, der Logik, der Naturphilosophie und der Theologie hat sich erst zwischen 70 v. Chr. und 250 n. Chr. herausgebildet (Mittelplatonismus) und im „Neuplatinismus" erweitert.

In dem grundlegenden Werk seiner Philosophie, dem *Timaios*, beschreibt Platon ein Weltbild, das ein bestimmtes Menschenbild fordert. Der Platonismus macht „das Gute" zum obersten Prinzip. Das Gute übt seine Herrschaft über die physikalische Realität aus, es regelt die Moral der Seele und verleiht dem Staat, in dem sich die Menschlichkeit entfalten soll, die Einheit ohne die er untergehen müsste. Nach Platon ist der Kosmos das Werk eines Schöpfergeistes (Demiurg). Er schafft den Himmel und die Nebengötter, die ihn bevölkern und an die er die Schaffung des Menschen delegiert hat. Der Plan des menschlichen Lebens lässt sich in einer Nachahmung des Kosmos zusammenfassen.

Der Mensch besitzt eine Seele. Im Dialog *Phaidros* definierte Platon sie als *das von sich selbst bewegende, denn jeder Körper, dem das Bewegtwerden von außen aufgezwungen wird ist unbeseelt*. Die Seele wird bei der Geburt in den Fluss der „Körpersäfte" getaucht und von dessen unkontrollierter Strömung mitgerissen. Der Seele gelingt erst nach und nach die Ordnung bei sich herzustellen. Die Seele des Individuums muss die Gesetzmäßigkeiten des Kosmos nachbilden und ihn dazu kennen. Ausgedrückt in neuzeitlicher Formulierung sah Platon die Seele als unvergängliches „Speicher- und Reproduktionsmedium von Wissensinhalten" an.

1.7 Duales Denken

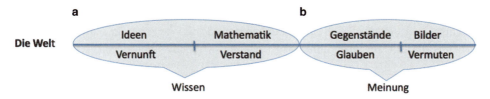

Abb. 1.20 Die Welt im Modell des dualen Denkens nach Platon

Gott habe den Menschen das Sehvermögen verliehen, damit sie die beobachteten „Kreisläufe der Vernunft am Himmel" für die eigene Denkkraft benutzen und durch Nachahmen dieser Kreisläufe die menschlichen Lebensbahnen ordnen. Mit diesem philosophischen Modell stellt Platon eine Verbindung zwischen *Kosmologie* (Lehre von der Welt) und *Anthropologie* (Lehre vom Menschen) her.

Die von Platon geprägten philosophischen Begriffe und insbesondere die *Lehre von der Unsterblichkeit der Seele* wurden seit dem 2. Jh. im Rahmen der Literatur der antiken Kirchenväter in der mittelalterlichen Theologie verarbeitet. Der Platonismus beeinflusste damit entscheidend die Philosophie des Mittelalters.

Wissen und Meinung

Platon geht von dem Unterschied zwischen (a) einer sich immer verändernden – sich nach Heraklit im Fluss befindenden – Welt der *Erscheinungen* und (b) dem nach Parmenides sich immer gleichbleibenden und unveränderlichen *Seienden* aus.

Platons Philosophie teilt gewissermaßen die Welt in ein „Reich der wechselnden Erscheinungen" und in ein „Reich des ewigen Seins" ein. Er betrachtet also den Gegensatz zwischen einem „konkreten Einzelding", das entsteht und vergeht und der dahinterstehenden „Idee" als dessen „Prinzip". Zur Erklärung dieser Unterschiede führt Platon in seinem Werk *Politeia* das sogenannte Liniengleichnis ein, Abb. 1.20. Alles worauf wir uns in dieser Welt beziehen können, wird durch eine Linie dargestellt mit einer dualen Unterteilung in

(a) dem Denken zugänglich → Wissen – Ideen → Vernunft (oberstes Erkenntnisvermögen des Menschen) – Mathematik → Verstand (unteres, mit begrifflichem Denken verbundenes Erkenntnisvermögen des Menschen),
(b) den Sinnen zugänglich → Meinung – Gegenstände → Glauben – Bilder → Vermuten.

Die Ideenlehre

Unter *Ideen* verstand Platon die höchsten und unwandelbaren Dinge (Entitäten), die alles Sein, das Erkennen und das Handeln in letzter Instanz bestimmen. Beispiele sind „das

Gute", „das Wahre", „das Schöne". Die sinnlich wahrnehmbaren Gegenstände der uns umgebenden Welt seien lediglich „Teilhaber" an den Ideen. Wie Platon in seinem „Höhlengleichnis" darlegt, sind den Sinnen nur „Schatten" (Abbilder) der „Ideen" (Urbilder) zugänglich.

Die außerhalb unserer Wahrnehmungswelt existierenden Ideen sind „urtypische Muster" aller sinnlichen Gegenstände. An den Ideen müsse sich nach der Philosophie von Platon unser Denken und Handeln orientieren, wenn wir das Bleibende und Wesentliche in allen Dingen erfassen oder wollen.

Nach heutigem Verständnis werden „Ideen" allerdings als „subjektive Entitäten" aufgefasst, die sich von Person zu Person unterscheiden:

> Ein modernerer Ausdruck für das was Platon *Idee* nennt ist *Struktur* oder *Gestalt*. *Materie* im Sinne der klassischen Physik der abendländischen Neuzeit gibt es für Platon gar nicht (Carl-Friedrich von Weizsäcker).

Platon nimmt bei seiner Ideenlehre die Mathematik (Geometrie) zum Vorbild aller anderen Wirklichkeit. Die vollständige geistige Erkenntnis komme in fünf Schritten zustande:

1. die Benennung des Dinges, z. B. ein „Würfel"
2. die sprachlich ausgedrückte Begriffsbestimmung, zusammengesetzt aus Gegenstands- und Aussagewörtern, z. B. „Kubus mit sechs gleichen Quadraten als Begrenzungsflächen",
3. die durch die menschlichen Sinne wahrnehmbare Gestalt des Würfels
4. die begriffliche Erkenntnis: „das ist ein Würfel", d. h. die Informationsumgestaltung durch den vernünftig denkenden Geist,
5. die Idee des Dinges, die sich nur durch Vernunft erkennen lässt: der Würfel ist ein Hexaeder (Sechsflächler), d. h. ein dreidimensionaler platonischer Körper.

Mit der Ideenlehre stellt Platon dem „Ich" des menschlichen Geistes und dem „Sein" der realen Gegenstände ein Drittes gegenüber: das „Absolute" der Ideen. Nach der Philosophie Platons sind die Ideen ewig und unveränderlich. Sie sind „die reinen Wahrheiten an sich" und unter den Begriffen des „Guten und des Schönen" sind sie ein Symbol des Göttlichen. Das platonische Modell kann durch das *platonische Dreieck* mit den Polen *das Ich* (Verstand, Vernunft), *das Sein* (Natur, Gegenstände) und *das Absolute* (Ideen) symbolisiert werden, Abb. 1.21.

Die von Platon gegründete Philosophenschule, die Platonische Akademie in Athen, stellte infolge der römischen Bürgerkriege Ende der 80er Jahre v. Chr. ihren Lehrbetrieb ein. Die Philosophen der nachakademischen Zeit nennt man heute *Mittelplatoniker*.

Eine wichtige Stätte mittelplatonischer Aktivität war Alexandria, eine Hafenstadt an der Mittelmeerküste Ägyptens, die mit der bedeutendsten Bibliothek des klassischen Altertums ein wirtschaftliches, geistiges und politisches Zentrum der römisch-hellenistischen Welt war.

Abb. 1.21 Die Ideenlehre in der Darstellung als *Platonisches Dreieck*

Der **Neuplatonismus** – die in der Spätantike vorherrschende philosophischen Strömung – wurde von dem in Alexandria ausgebildeten Philosoph Plotin (204–270) begründet. Die wichtigste Erweiterung gegenüber der platonischen Lehre besteht in der Annahme, dass sich alle Wirklichkeit auf ein „Ur-Eins" als Ursprung zurückführen lasst. Plotin setzt das „Ur-Eins" mit dem „Guten" gleich und gab ihm damit die Funktion eines universellen positiven Prinzips. Aus dem Ur-Eins strukturiert sich in vier absteigenden Stufen der Kosmos: (a) die Weltvernunft, (b) die Weltseele, (c) die Körperwelt, (d) die Materie. Die höheren Stufen (a)–(b) werden als das „wahre Sein" angesehen, die niederen Stufen (c)–(d) gelten als das „Nichtseiende". Mit der Zweiteilung (a)–(b) und (c)–(d) folgt der Neuplatonismus dem platonisch-parmenidischen Dualismus. Plotin verbindet dies auch noch mit der von Pythagoras stammenden Idee der „Seelenwanderung". Danach steht die Seele vor der Entscheidung, an das Körperliche und Unbeständige zu verfallen oder erneut zu dem „Einen" aufzusteigen.

In der Nachfolge Plotins haben die Philosophen Iamblichos (240–325) und Proklos (412–485) den religiösen Gehalt des Neuplatinismus verstärkt. Obwohl mit der Schließung der platonischen Akademie in Athen durch den christlichen Kaiser Justinian im Jahr 529 der Neuplatinismus formal endete, wirkte er bis in das Mittelalter.

1.8 Denken und Glauben

Auf die Antike folgt die Epoche des Mittelalters. Damit bezeichnet man gewöhnlich die Zeit zwischen dem Ende des Weströmischen Reiches (476) und dem Zerfall des Oströmischen Reiches (1453). Mit dem Einbruch des von Mohammed (570–632) begründeten Islam in die Mittelmeerwelt zerfiel die griechisch-römische Einheit der Antike. Es entwickelten sich neue Formen des Denkens und Glaubens in einem geopolitischen System mit mehreren Großmächten, Abb. 1.22:

- Das Oströmische oder Byzantinische Reich mit der Hauptstadt Konstantinopel (ab 330), griechischer Sprache und dem Christentum als Staatsreligion (391). Von dort erfolgt die Christianisierung der slawischen Völker (Serben, Bulgaren, Russen) mit einer

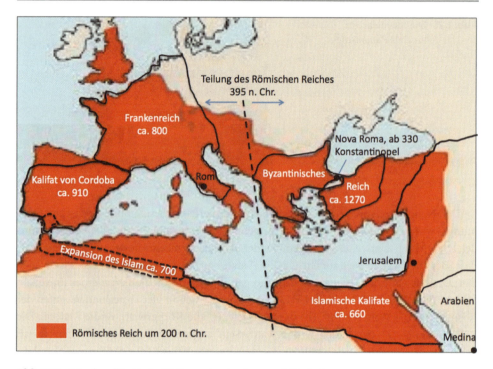

Abb. 1.22 Die abendländische Welt von der Antike zum Mittelalter

griechisch-orthodoxen Kirchenverfassung und der kyrillischer Schrift, abgewandelt von der griechischen Schrift und benannt nach Kyrill von Saloniki, (826–869).
- Die Kalifate und Reiche der muslimischen Araber, denen Mohammed für die Verbreitung seiner Lehre das Paradies verhieß. In 100 Jahren erfolgt die Eroberung von Syrien, Palästina, Persien, Mesopotamien, Ägypten, Nordafrika und großer Teile Spaniens.
- Das Frankenreich mit der Krönung Karls des Großen, König der Franken und Langobarden, zum neuen „Römischen Kaiser" im Jahr 800, verbunden mit einer kulturellen Erneuerung auf der Grundlage der lateinischen Sprache, der antiken Überlieferung und des Christentums.

Heilige Schriften

In kultureller Hinsicht ist das Mittelalter eine mehr als 1000 jährige Epoche mit einer Dominanz des *Glaubens*. Unter Berufung auf Abraham entwickelten sich die monotheistischen Religionen *Judentum*, *Christentum* und *Islam*. Sie basieren auf „Heiligen Schriften", die als „Worte Gottes" angesehen werden und durch „Kanonisierung", d. h. normative Festlegungen der Schriftinhalte, zu Grundlagen der Glaubensausübung werden.

1.8 Denken und Glauben

- Der *Koran* ist die jüngste der „Heiligen Schriften". Er entstand in arabischer Sprache im Zeitraum von 630–650 und ist bis heute nach dem Glauben der Muslime die wörtliche Offenbarung Gottes (arab. Allah) an den Propheten Mohammed. Der auf dem Koran basierende Islam versteht sich als „ganzheitliche Religion" und fordert „nach göttlichen, unveränderbaren Regeln" und dem „islamischen Recht der *Scharia*" die Regelung aller Aspekte des Lebens: Religion, Politik, Wirtschaft, Recht, Umgang zwischen Mann und Frau, Bildung und Erziehung. Muslime haben keine Religionsfreiheit, ein Abfall vom islamischen Glauben kann zivilrechtliche (Erbrecht, Eherecht) und strafrechtliche Konsequenzen haben. Mission für andere Religionen ist Muslimen verboten und kann mit Todesstrafe bedroht sein. In der klassischen islamischen Rechtslehre ist der *Dschihad* der Kampf gegen die nichtmuslimische Welt zur Verteidigung und Erweiterung islamischen Territoriums bis der Islam die beherrschende Religion ist.
- Die *Bibel* entstand im Verlauf von etwa 1200 Jahren im östlichen Mittelmeerraum und im Vorderen Orient. Die hebräische *Bibel* (*Tanach*) besteht aus den drei Hauptteilen *Tora* (Weisung), *Nebiim* (Prophetenbuch), *Ketuvim* (Psalmenbuch) und entspricht dem *Alten Testament* der christlichen Bibel mit den zehn Geboten: (1) Gott als alleiniger Herr, (2) Verbot des Missbrauchs des Namen Gottes, (3) Sabbatgebot, (4) Elternachtungsgebot, (5) Mordverbot, (6) Ehebruchsverbot, (7) Diebstahlsverbot, (8) Falschzeugnisverbot, (9) Begehrensverbot (Frau), (10) Begehrensverbot (Haus, Güter).
- Das *Neue Testament* (*NT*) der christlichen Bibel ist eine Schriftsammlung des Urchristentums. Sie verkündet – mit Rückbezug auf das Alte Testament – die Menschwerdung Jesus Christus (3 v. Chr.–30 n. Chr.) als Gottessohn und seine Kreuzigung zur Erlösung der Welt von Schuld und Sünde. Jesus predigt Sanftmut, Gerechtigkeitssuche, Friedfertigkeit, Barmherzigkeit, Nächstenliebe (Bergpredigt). Er bestätigt und vertieft die zehn Gebote der Tora und formuliert das Vater-Unser-Gebet. Das NT besteht aus den vier kanonischen Evangelien (Markus ca. 70, Mathäus, Lukas 75–95, Johannes um 100) über das Wirken Jesu. Es enthält außerdem die Apostelgeschichte, die Paulusbriefe (Paulinische Lehre, später wichtig für die Lutherische Reformation) sowie die apokalyptische Johannesoffenbarung. Auf diese als Wort Gottes verstandenen Zeugnisse der Bibel beziehen sich alle Richtungen des Christentums.

Der auf den Heiligen Schriften beruhende Glaube legt keinen Wert auf Beweise, sondern beruht auf „Offenbarungswahrheiten" und „Dogmen". Nahezu alle großen Religionen beinhalten eine „Heilslehre", wonach – im Widerspruch zum heutigen, völkerrechtlich verbürgten Menschenrecht der Religionsfreiheit (UN-Deklaration) – die Menschheit in zwei Klassen geteilt wird:

- „Rechtgläubigen" steht das Heil im Leben und nach dem Tod im Jenseits (Himmel) offen,
- „Ungläubige" fallen der Verdammnis (Hölle) anheim, sie müssen daher zur Annahme des wahren Glaubens „missioniert" werden.

Missionierende Religionen, wie das Christentum oder der Islam, gehen vom Anspruch der durch ihren Glauben behaupteten „universalen Wahrheit" aus und fühlen sich dazu berufen, Nichtgläubige oder Andersgläubige zu „bekehren" und in die eigene Religion aufzunehmen.

Der Missionsauftrag der Religionen kann sogar gegen das Gebot „Du sollst nicht töten" verstoßen und „Glaubenskriege" (z. B. christliche Kreuzzüge oder islamistische Selbstmordattentate) als „religiösen Auftrag" ansehen. *Die Selbstgerechtigkeit der Moralisten erweist sich oft als abgrundtief böse* (Carl-Friedrich von Weizsäcker).

Philosophische und religiöse Vorstellungen in der Spätantike

Einen Versuch, die biblischen Religionen mit der Gedankenwelt der Antike zu verbinden unternahm Philo von Alexandrien (30 v. Chr.–50 n. Chr.) ausgehend von einer im 3. Jahrhundert v. Chr. entstandenen griechischen Übersetzung (*Septuginta*) der hebräischen Bibel. Er überwindet die Schwierigkeit einer Synthese von philosophischer (unpersönlicher) und religiöser (persönlicher) Gottesvorstellung indem er postuliert, dass das Wesen Gottes nicht rational in Form von Beweisen erklärbar ist, aber unter Umständen unmittelbar „geschaut" werden kann. Wer nicht fähig ist Gott zu schauen, soll wenigstens versuchen, sein Abbild „den allerheiligsten Logos" zu erfassen, dessen Werk die Welt ist. Der *Logos* – den bereits Heraklit als „kosmologisches, alles begründendes und bestimmendes Prinzip" bezeichnete – wird von Philo gelegentlich „erstgeborener Sohn Gottes" genannt, er bilde die Brücke vom transzendenten Gott zur materiellen Wirklichkeit. Auch im hellenistischen Judentum bezeichnet „Logos" das ewige Denken des einen Gottes. Dementsprechend steht am Anfang des Johannesevangeliums des Neuen Testaments in griechischer Sprache auch der Begriff „Logos", den Martin Luther in der Lutherbibel (Luther 1545) mit „Wort Gottes" übersetzt. Die Zürcher Bibel von 2007 kombiniert die Begriffe wie folgt: *Im Anfang war das Wort, der Logos, und der Logos war bei Gott, und von Gottes Wesen war der Logos.*

Eine komplexe philosophisch-religiöse Bewegung entstand im 1. Jahrhundert unter der Bezeichnung Gnosis (griechisch: Erkenntnis) als Mischung christlicher Vorstellungen und griechischer Mysterien mit persischen, esoterisch-jüdischen und ägyptischen Einflüssen. Die Gnosis glaubt an einen vollkommenen allumfassenden Gott, aber die Welt und die Menschen sind das Werk eines unbeholfenen „Schöpfergeistes" (Demiurg). Wahrhaft „wirklich" ist die geistige Welt, die materielle Welt ist im Grunde nichtig. Die Gnosis erhebt den Anspruch eines über die rationale Erkenntnis hinausgehenden Wissens von der „wahren Wirklichkeit". Eine „agnostische" Position, nach der es nicht möglich ist zu wissen ob es Götter gibt oder nicht, hatten dagegen die Sophisten (Protagoras) im 5. vorchristlichen Jahrhundert eingenommen. Agnostiker vertreten den Standpunkt, dass die Existenz oder Nichtexistenz einer höheren Instanz (Gott) entweder ungeklärt oder grundsätzlich nicht zu klären ist.

Um das Jahr 200, als die römische Staatsmacht zerfiel, bildete die römische Kirche mit ihren organisierten Gemeinden eine Art Staat im Staate. Die Führer ihrer Gemeinden ge-

1.8 Denken und Glauben

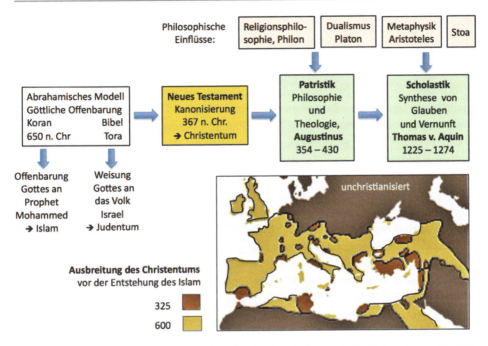

Abb. 1.23 Religiöse Strömungen und philosophische Entwicklungen in der Spätantike und im Mittelalter

wannen, als „Nachfolger der Apostel Christi" und römisch-christliche „Kirchenväter" (Patristiker), geistliche und politische Autorität. Ab dem Jahr 345 wurde das Christentum alleinige Staatsreligion des römischen Reiches. Bereits 325 hatte Kaiser Konstantin das Konzil von Nicäa (heute Iznik, Türkei) einberufen, auf dem die „Dreieinigkeit von Gottvater, Sohn und Heiliger Geist" bestätigt und ein „christliches Glaubensbekenntnis" als bindend für die Gläubigen festgelegt wurde. Im Jahre 367 erfolgte die Kanonisierung der in griechischer Sprache verfassten Schriften des Neuen Testaments als „normative Heilige Schrift" und Maßstab der Religionsausübung.

Die weiteren grundlegenden religiös-philosophischen Entwicklungen im Mittelalter sind die von Augustinus geprägte Philosophie und Theologie der *Patristik* sowie die *Scholastik* als Schule zur Synthese von Glauben und Vernunft, fundamental formuliert von Thomas von Aquin, Abb. 1.23.

Die Patristik der Spätantike

Unter *Patristik* versteht man die Zeit der ab dem 2. Jahrhundert wirkenden „Kirchenväter". Von diesen geistig-religiösen Lehrern des Christentums gelten die „Apostolischen Väter" als unmittelbare Schüler der Apostel Jesu. Es folgen die „Apologeten", die versuchten zu zeigen, dass manche Denkansätze der antiken Philosophie – wie der Platonsche Dualismus (interpretiert als Leib-Seele Dualismus), die Metaphysik von Aristoteles und der Vorsehungsglauben der Stoiker – mit der christlichen Lehre übereinstimmen. Man ging sogar so weit, den bereits von Sokrates verwendeten Sinnspruch des Delphischen Orakels „Erkenne dich selbst" als göttliche Offenbarung anzusehen. Mit den Dogmen der Konzilien im 4. Jahrhundert erfolgt die Systematisierung der christlichen Lehren und das Bemühen des Kirchenapparates die „Seelenlenkung" der gläubigen Christen zu betreiben.

Die systematische Verarbeitung des neuplatonischen Erbes im Kontext der christlichen Glaubenslehren erfolgte durch Aurelius Augustinus (354–430), den bedeutendsten lateinischen Kirchenvater. Er schuf mit seinem Werk *Über den Gottesstaat* den ersten Text, der die Geschichte – in Abkehr von der antiken zyklischen Zeitauffassung und dem Prinzip der ewigen Wiederkehr – als Abfolge einzigartiger und unwiederholbarer Ereignisse ansieht.

Nach Augustinus wird die Menschheitsgeschichte durch den Kampf zweier „virtueller Reiche" bestimmt, in denen der Mensch nach eigener Entscheidung leben kann:

- Der *irdische Staat* ist die Gesellschaft des Teufels. Er entspricht der Natur, der Materie, den Körpern der Individuen, der faktischen Geschichte und der Wirtschaft.
- Der *himmlische Staat* ist der Staat Gottes, die Gesellschaft der Gerechten, das Ewige, die göttliche Offenbarung.

Der Staat der Menschen findet seinen einzigen Daseinsgrund darin, die Entwicklung des Gottesstaates zu fördern und die Christianisierung der Menschheit gemäß dem Plan der Vorsehung zu unterstützen. Hierfür sind nach Augustinus die folgenden Theoreme von besonderer Bedeutung:

- die Gleichsetzung der „Ideen" Platons mit Gedanken Gottes und die prinzipielle Zurückweisung des skeptischen Relativismus,
- die Behauptung der Eigenständigkeit der „geistig erkennbaren Welt" gegenüber dem sinnlich Erfassbaren,
- die Deutung des Erkennens als Verarbeitung göttlicher Eingebungen und Erleuchtungen (*Illuminationstheorie*),
- die wechselseitige Unterstützung von Glauben und Wissen: „sieh ein, um zu glauben, glaube, um einzusehen",
- die systematische Anwendung des Dreieinigkeitsprinzips auf die Betrachtungen über Gott, die Welt und das menschliche Bewusstsein,
- die radikale Abwertung von körperlicher Lust und der Leiblichkeit des Menschen gegenüber dem Seelisch-Geistigen,
- die Begründung des menschlichen Glücks in der Liebe zu und der Freude an Gott in einer Jenseitsperspektive,
- die Deutung des geschichtlichen Prozesses als linearen Fortschritt auf dem konfliktgeladenen Weg zum ewigen Heil.

1.8 Denken und Glauben

Die Überlegungen und Theoreme Augustinus werden heute unter dem Begriff *Augustinismus* zusammengefasst, dessen allgemeine Aspekte die dualistische Aufteilung der Wirklichkeit und das daraus abgeleitete Prinzip des Überschreitens der sinnlichen Welt hin zur unsichtbaren Welt sind.

Zwischen dem 5. und dem 16. Jahrhundert entwickelten sich im geographischen Raum Europas und Westasiens neue dominante Formen des religiös-kulturellen Lebens. Die Leitsprachen der Philosophie in dieser Zeit waren das Arabische, das Latein und das Hebräische. Zwischen dem 9. und dem 12. Jh. vereinigten arabische und jüdische Philosophen Gedanken der antiken griechisch-römischen Philosophie mit eigenen Neuerungen. Dies wurde im 12. und 13. Jh. durch Übersetzungen arabischer und griechischer Texte in die christlich-lateinische Welt übertragen. In Bologna entstand Ende des 12. Jh. die erste Universität mit den Lehrmethoden Vorlesung–Übung–Disputation. Im 13. und 14. Jh. erhielt die Philosophie mit der *Scholastik* neue Formen, Inhalte und Methoden, die besonders an den Universitäten von Paris und Oxford entwickelt wurden.

Scholastik

Die *Scholastik* ist eine Methodik zur Klärung wissenschaftlicher Fragen mittels theoretischer Erwägungen, die von den logischen Schriften des Aristoteles ausgeht. Es handelt sich um ein dialektisches Verfahren mit folgenden Schritten:

1. Formulierung der Fragestellung.
2. Angabe von Argumenten für eine bejahende Antwort (Pro-Argumente).
3. Angabe von Argumenten für eine verneinende Antwort (Contra-Argumente).
4. Formulierung einer Problemlösung mit entsprechenden Argumenten.
5. Auflösung von Argumenten (z. B. unlogischer oder begrifflich unklarer Art), die der Lösung widersprechen.

„Scholastiker" sind ursprünglich die Lehrer an den Klosterschulen, die Priester ausbilden. Zur Abgrenzung der in klösterlichen Ordensgemeinschaften vermittelten Lehre von der Hochschultheologie wurde der Begriff „scholastische Theologie" geprägt. Sie will durch Anwendung der Philosophie auf die „Offenbarungswahrheiten der Heiligen Schriften" Einsicht in die Glaubensinhalte gewinnen und dem denkenden Menschengeist näherbringen. Die „übernatürliche Wahrheit" liegt im christlichen Dogma von vornherein fest. Das Gute tun heißt Gott gehorchen und dieses höchste Gut ist zugleich der oberste Wert. Die Scholastik will keine neuen Wahrheiten finden, sondern die „Heilswahrheiten" systematisch darstellen und Einwände von Seiten der Vernunft gegen den Offenbarungsinhalt entkräften. In der Scholastik ist Gott zwar der Inbegriff der Vollkommenheit, er kann aber mit dem menschlichen Intellekt untersucht werden. (Dagegen vertritt die „Negative Theologie" die Unvergleichbarkeit von Mensch und Gottheit. Da Gott absolut ist, kann er auf keine Weise definiert werden.)

Als bedeutendster Scholastiker gilt Thomas von Aquin (1225–1274). Er war Dominikanermönch und beanspruchte, der Theologie den Rang einer Wissenschaft zu geben. Die von ihm begründete philosophisch-theologische Lehrrichtung (*Thomismus*) setzt anstelle des aristotelischen Begriffspaares *Potential* (Möglichkeit, Vermögen) und *Aktualität* (Wirklichkeit) das Begriffspaar *Essenz* (das Wesen einer Sache) und *Existenz* (Dasein, Realität einer Sache). Die Metaphysik des Thomismus geht von der Vielfalt des sinnfälligen Seienden (Steine, Pflanzen, Tiere, Menschen) aus. Der Mensch ist nach Thomas von Aquin die substantielle Verbindung von Leib (bei Aristoteles: *Materie*) und Seele (bei Aristoteles: *Form*). Durch seinen Körper nimmt der Mensch an der Welt des Materiellen teil und durch seine Seele an der Welt des reinen Geistes (*Leib-Seele-Dualismus*).

Thomas von Aquin postuliert, dass sich Glaube und Vernunft nicht widersprechen da beide von Gott stammen. Daher können auch Theologie und Philosophie nicht zu verschiedenen Wahrheiten gelangen, sie unterscheiden sich aber in der Methode: Die Philosophie geht von den geschaffenen Dingen aus und gelangt so zu Gott, die Theologie nimmt von Gott ihren Anfang.

Der Lebenszyklus jedes Wesens – in aristotelischen Termini der Übergang vom Potential zur Aktualität – wird als Übergang von der Essenz zur Existenz gekennzeichnet. Dies bedeutet mit Blick auf das Universum, dass es ein Urwesen (Gott) gibt, das erzeugt, ohne seinerseits erzeugt worden zu sein. Gott vereint als einziges „vollkommenes Wesen" Essenz und Existenz. Da Gott ohne Existenz nicht vollkommen wäre, muss er existieren. Dies ist der sogenannte *ontologische Gottesbeweis*.

In seiner *Ethik* unterscheidet Thomas von Aquin theologische und natürliche Tugenden.

- Die theologischen Kardinaltugenden – Glaube, Hoffnung, Liebe – sind dem Menschen nur unter der Gnade Gottes zugänglich, wobei die Liebe alle menschlichen Aktivitäten auf ein letztes göttliches Ziel ordnet.
- Die natürlichen Kardinaltugenden stellen die bestmöglichen Ausprägungen des menschlichen Vermögens dar. So ist der *Vernunft* die Klugheit und Weisheit, dem *Willen* die Gerechtigkeit und dem *Begehren* die Mäßigkeit zugeordnet. Die Tugenden bestimmen die innere Haltung des Menschen; die äußere Ordnung und die menschlichen Handlungen werden durch Gesetze geleitet.
- Oberster Grundsatz der praktischen Vernunft ist: *das Gute zu tun und das Böse zu meiden*.

Der Erkenntnisvorgang

Nach Thomas von Aquin lässt sich der Erkenntnisvorgang wie folgt darstellen: Ein Objekt der realen Welt wird zunächst von einem Sinnesorgan wahrgenommen. Von dem Sinnesorgan gelangt es in den Allgemeinsinn und wird als Einzelbild in der Vorstellungskraft festgehalten. Der Intellekt abstrahiert nun von dem Einzelbild die allgemeine Form und ermöglicht so die Erkenntnis des Dinges.

1.8 Denken und Glauben

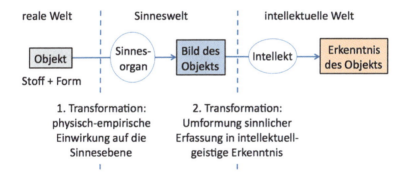

Abb. 1.24 Der Erkenntnisvorgang nach Thomas von Aquin

Der Erkenntnisvorgang verläuft also über zwei „Transformationen", die von Thomas als *1. Differenz* und *2. Differenz* im Erkenntnisvorgang bezeichnet werden, Abb. 1.24:

- In der 1. Transformation erzeugt die physisch-empirische Einwirkung eine Auswirkung auf der prinzipiell anderen Sinnesebene.
- In der 2. Transformation erfolgt die Umwandlung von sinnlicher Erfassung in intellektuell-geistige Erkenntnis.

Für die Beschreibung des Erkenntnisvorgangs entwickelte Wilhelm von Ockham (1285–1347) das „Prinzip der ontologischen Sparsamkeit". Bei Erklärungsversuchen sollten nur so viele Annahmen gemacht werden, wie unbedingt erforderlich: „Man sollte nicht mehr Entitäten postulieren als nötig".

Unendlichkeit des Universums und Pantheismus

Eine Abkehr von der strikten Scholastik stellt die von Nicolaus von Kues, lateinisiert Cusanus (1401–1465) entwickelte Theorie der „rationalen Unerkennbarkeit Gottes" dar. Sie geht von den Stufen der menschlichen Erkenntnis aus:

- die sinnliche Wahrnehmung vermittelt zunächst nicht zusammenhängende Eindrücke
- der Verstand unterscheidet und ordnet die Eindrücke,
- die Vernunft verbindet das, was der Verstand trennt zu einer Synthese.

Da Gott unendlich ist, kann er gleichzeitig jedes nur mögliche Ding und dessen Gegensatz sein. Gott ist als „Zusammenfall der Gegensätze" ein *transzendentes Prinzip*. Als *transzendent* bezeichnet man in der Theologie etwas, das sich außerhalb der Welt und aller Dinge befindet und jenseits der Begrenztheit menschlicher Erfahrbarkeit liegt. Die einzige Weise, dem Problem „Gott" mit Verstand und Vernunft zu begegnen ist, Vermutungen

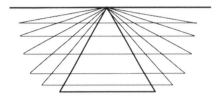

Verlängert man die Seiten eines Dreiecks bis in das Unendliche, so wird das Dreieck einer Geraden vollkommen ähnlich. Cusanus spekuliert in einer geometrischen Analogiebetrachtung, dass Gott symbolisch ebenso Dreieck wie Gerade ist, weil in ihm alle getrennten und unterschiedlichen Dinge zusammenfallen, wenn sie in das Unendliche erweitert werden.

Abb. 1.25 Modell von Nicolaus von Kues zum Zusammenfall der Gegensätze im Unendlichen

anzustellen. Damit meint Cusanus Analogien geometrischer Art, die es möglich machen, das Endliche und das Unendliche (Gott) spekulativ zu vergleichen.

Modelliert man Gott beispielsweise durch einen ideal runden Kreis, dann ähnelt der menschliche Verstand und die Dinge der Welt einem dem Kreis eingeschriebenen Vieleck. Wie sehr man auch die Anzahl der Seiten des Vielecks erhöht, das Vieleck-Konstrukt des menschlichen Verstandes wird nie den idealen Kreis der Gott repräsentiert erreichen. Dieses Modell legt nahe, dass sich in Gott – ähnlich wie die Maßeinheit im Vergleich zu den Zahlen oder der Punkt im Vergleich zu den geometrischen Figuren – alle Dinge vereinen. Eine ähnliche Modellierung, lässt sich durch einen Vergleich eines endlichen Dreiecks mit einer unendlichen Geraden durchführen, Abb. 1.25.

Eine Weiterentwicklung des Modells des „Zusammenfalls der Gegensätze im Unendlichen" erfolgte durch Giordano Bruno (1548–1600). Er hebt den aristotelischen Gegensatz des (sublunaren) Irdischen zum (supralunaren) Himmlischen auf und durchbricht die „Abgeschlossenheit des antiken und auch des christlichen Weltbilds" indem er der Welt Unendlichkeit zuschreibt. Er entwickelte folgende Thesen:

- Das Universum hat keine äußeren Grenzen. Es gibt keine Barriere, die den Kosmos in sich einschließt.
- Der Kosmos ist unendlich, und die zahllosen Sterne verteilen sich im Raum in alle Richtungen. Der Raum ist somit azentrisch und weist keinen privilegierten Punkt auf.
- Das Universum ist in jedem seiner Teile homogen. Die Sterne mit ihren Planetensystemen sind in einem Vakuum zerstreut und nicht eingefasst in kristalline Sphären, wie es die ptolemäische Astronomie behauptet hatte.

Bruno vertrat ein *pantheistisches Weltbild*: das unendliche All ist Gott. Er ist ewig und unveränderlich. Die wandelbaren Einzeldinge haben daran nur temporären Anteil. Mit diesen Thesen widersprach Bruno der Lehre der Institution Kirche mit ihren Dogmen von *Schöpfung*, *Jenseits* und *Jüngstem Gericht*.

Aufgrund des von ihm verkündeten *Pantheismus* wurde Giordano Bruno durch die Inquisition der Ketzerei und Magie für schuldig befunden und 1600 in Rom auf dem Scheiterhaufen verbrannt – im Jahr 2000 wurde dies vom päpstlichen Kulturrat als Unrecht betrachtet. Heute wird Bruno als ein Wegbereiter der Weltsicht der Neuzeit angesehen.

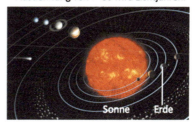

Geozentrisches Weltbild
Die Erde ist Zentrum des Kosmos. Die sublunare Welt erstreckt sich bis zur Mondbahn. Die supralunaren Sphären sind Manifestation des Göttlichen.

Kopernikanische Wende: Paradigmenwechsel der Weltgeschichte

Heliozentrisches Weltbild
Die Erde ist ein Planet im Sonnensytem der Milchstraße, die eine von 100 Mrd Galaxien ist. Das Weltall hat eine Ausdehnung von > 80 Mrd Lichtjahren.

Abb. 1.26 Das geozentrische und das heliozentrische Weltbild in vereinfachten Übersichten

1.9 Die Wende zur Neuzeit

Die Neuzeit beginnt mit der Entdeckung des realen *Heliozentrischen Weltbilds* durch Kopernikus (1543), Abb. 1.26. Die neue Weltsicht, die aus dem heliozentrischen Weltbild hervorging, ließ sich nicht mehr mit dem antiken und mittelalterlichen Bild vom Platz des Menschen im Kosmos in Einklang bringen. Das Modell des Kosmos mit der sublunaren Sphäre für den Menschen und der supralunaren Sphäre für Gott und die Engel zerbrach. „Der Mensch auf dieser Erde steht erstmals im Laufe der Geschichte nur noch sich selbst gegenüber" sagt der Physiker Heisenberg (1901–1976) und der amerikanische Philosoph Thomas Kuhn (1922–1996) bezeichnet die kopernikanische Wende als „Paradigmenwechsel der Weltgeschichte".

Die kopernikanische Wende kann als Beginn des – mehrere Jahrhunderte dauernden – Übergangs vom antiken Kosmos zum „offenen Weltenbild" der Neuzeit bezeichnet werden.

Neben der Revolution im Makrokosmos durch das heliozentrische Weltbild erschloss sich durch die Erfindung des Mikroskops (ca. 1595) auch der „Mikrokosmos" den neuzeitlichen Denkern. Pascal (1623–1662) formulierte als einfaches Gedankenexperiment die Idee von den *bis ins Unendliche ineinandergefügten Welten*. Leibniz (1646–1716) sprach von einer „nicht wahrnehmbaren Welt", Berkeley (1685–1753) von einer „neuen Welt", und nach Hume (1711–1776) eröffnen die Mikroskope ein „neues Universum im Kleinen". Vor dem Hintergrund all dieser Entwicklungen stellte Kant (1724–1804) die elementare Frage in der **Welt der Philosophie** neu: *Was kann ich wissen?*

Die geographischen Kenntnisse über die Erde erweiterten sich. Die Kugelgestalt der Erde wurde durch eine Weltumseglung bestätigt (Magellan 1522) und das tragbare Chronometer für die Zeitmessung erfunden (Henlein 1512). Mit Galilei (1564–1642) beginnt die wissenschaftliche Erforschung der Naturgesetze. Er begründet die Bewegungslehre (Kinematik) sowie die Elastizitätstheorie und verteidigt das heliozentrische System im Disput mit dem Papst. Das Gravitationsgesetz – mit dem man erklären kann warum sich die Planeten um die Sonne bewegen und warum auf der Erde alle Dinge nach unten fallen – wurde von Newton 1666 entdeckt. Aus der Vielzahl physikalischer Beobachtungen und nachprüfbarer Messungen entwickelte sich die **Welt der Physik**.

Auch auf den in der Antike mit *techne* bezeichneten Bereichen künstlerischer und handwerklicher Tätigkeiten gab es in der Renaissance neue Entwicklungen. In der Malerei, der Bildhauerei und der Architektur entstanden mit der Anwendung der perspektivischen Darstellung (Brunelleschi 1410) völlig neue Werke. Der Buchdruck mit beweglichen Lettern (Gutenberg-Bibel 1454) eröffnete Schrifttum und Literatur neue Möglichkeiten. Erste Ingenieurarbeiten und Modelle (z. B. Zahnräder, Kugellager, Uhrwerke, Fahrrad, Flugmaschinen) des genialen Universalgelehrten Leonardo da Vinci (1452–1519), der auch als Maler (Mona Lisa), Architekt, Anatom und Naturphilosoph wirkte, waren Vorboten für die Entstehung der **Welt der Technik**.

Mensch – Natur – Idee

Die Welt der Philosophie

Die Philosophie hat keinen spezifischen Fachbereich und auch keine einheitliche Methode. Sie betrachtet ganz allgemein wie es sich auf der Welt verhält und warum es sich so und nicht anders verhält.

- *Innerhalb der Philosophie konnte man sich nie auf eine allein gültige Methode einigen …* steht im Lehrbuch PHILOSOPHIE – GESCHICHTE, DISZIPLINEN, KOMPETENZEN von 2011 (Hrsg. Breitenstein und Rohbeck) … *Die Philosophie wird seit ihren Anfängen in der griechischen Naturphilosophie immer wieder von ähnlichen Fragen umgetrieben, die sie nie vollständig, befriedigend beantworten konnte. Die Philosophen argumentierten je nach Problemstellung und Temperament transzendentalphilosophisch, analytisch, phänomenologisch, dialektisch, etc. So gibt es einerseits kaum Probleme, die einfach nur gelöst und abgelegt wurden und andererseits auch keinen linearen Fortschritt.*
- *Die philosophischen Modelle der Vergangenheit entstanden aus dem Wissen jener Zeit und entsprachen daher der Denkweise, zu der solches Wissen geführt hat. Man kann nicht erwarten, dass die Philosophen, die vor vielen hundert Jahren über die Natur nachgedacht haben, die Entwicklung der modernen Physik oder der Relativitätstheorie hätten vorhersehen können. Daher können die Begriffe, zu denen die Philosophen durch eine Analyse ihrer Naturerfahrung geführt worden waren, nicht heute den Erscheinungen angepasst werden, die man nur mit den technischen Hilfsmitteln unserer Zeit beobachten kann.* (Werner Heisenberg in PHYSIK UND PHILOSOPHIE).
- *Philosophen sind Ideeningenieure …* sagt der amerikanische Philosoph Simon Blackburn in seinem Buch DENKEN – DIE GROSSEN FRAGEN DER PHILOSOPHIE, … *denn so wie ein Ingenieur die Strukturen von materiellen Gegenständen studiert, so ergründet ein Philosoph die Strukturen des Denkens. Eine Struktur studieren bedeutet nachforschen, wie die Teile des Ganzen funktionieren, wie sie voneinander abhängen und was passiert, wenn ein Teil geändert wird. Philosophen versuchen, die Strukturen zu erforschen, die unser Weltbild formen. Unsere Ideen bilden die geistige Heimat, in der wir leben.*

- *Philosophie ist nicht Reflexion auf einen isolierten Gedanken, sondern auf das Ganze unserer Gedanken. Jeder der großen Philosophen hat dieses Ganze in einer ihm eigenen Weise verstanden* (Carl Friedrich v. Weizsäcker in DER MENSCH IN SEINER GESCHICHTE).

2.1 Dimensionen der Philosophie

Die neuzeitliche Philosophie besteht nach Ansicht des britischen Philosophen und Logikers Alfred N. Whitehead (1861–1947) im Wesentlichen „aus einer Reihe von Fußnoten zu Platon". Arno Anzenbacher stellt dies in seiner EINFÜHRUNG IN DIE PHILOSOPHIE (2010) anschaulich durch das *Platonische Dreieck* dar, Abb. 2.1.

Ausgehend von den drei Ecken des Platonischen Dreiecks lassen sich die Hauptrichtungen der theoretischen Philosophie in vereinfachter Weise wie folgt umreißen:

- *Seinsphilosophie*: Das Nachdenken über die Welt fragt hier nach dem „Sein", das den beobachtbaren Erscheinungen zugrunde liegt. Dies ist der Ansatz der klassischen *Metaphysik*, die heute als *Ontologie* (Seinslehre) bezeichnet wird.
- *Ichphilosophie*: Diese Richtung des philosophischen Denkens setzt an bei dem „Ich" – in der Sprache der Philosophie auch als „Subjekt" bezeichnet. Die hauptsächlichen Modelle sind der *Rationalismus* (Descartes, Leibniz, Spinoza) und der *Empirismus* (Locke, Hume, Berkeley). Die Verknüpfung von Rationalismus und Empirismus unternahm in der Zeit des klassischen Deutschen *Idealismus* Kant mit seiner *Erkenntnislehre*. Eine besondere Variante der Ichphilosophie ist die *Existenzphilosophie* (Heidegger, Sartre).
- *Geistphilosophie*: Das Philosophieren geht hier von der „Idee" aus und entwickelt philosophische Modelle vom „Absoluten" in einer Zusammenschau von „Sein und Ich" (Objekt und Subjekt). Hierzu gehören das komplexe Philosophiesystem Hegels, der historische *Materialismus* (Marx), die *Analytische Philosophie* (Russel, Wittgenstein) sowie die *3-Welten-Theorie* (Popper).

Philosophierendes Denken wird heute auch als „gedankliche Reflexion" angewendet, wie aus den folgenden Wortbildungen hervorgeht: *Kulturphilosophie, Politische Philosophie, Geschichtsphilosophie, Rechtsphilosophie, Sozialphilosophie*. Diese „Angewandte Philosophie" wird hier nicht betrachtet. Es wird auch keine philosophierende Reflexion auf

Abb. 2.1 Das Platonische Dreieck symbolisiert mit dem Zusammenhang *Mensch – Natur – Idee* den Raum der theoretischen Philosophie

Physik und Technik vorgenommen. Betrachtet werden in diesem zweiten Teil de Buches die philosophischen Kernthemen des platonischen Dreiecks.

2.2 Seinslehre

Die von Aristoteles (384–322) entwickelte Prinzipienlehre kann als *Seinslehre* bezeichnet werden. Im Gegensatz zum platonischen Dualismus der Ideenlehre (die von Aristoteles als „überflüssig" angesehen wird) existiert für Aristoteles keine Überwelt, die höherwertiger wäre als die physikalische Realität. *Was außerhalb aller Erfahrungsmöglichkeiten liegt, kann für uns nichts bedeuten. Wir können uns nicht nachprüfbar darauf beziehen oder darüber reden.* Es gibt nur eine einzige Welt, nämlich die Welt in der wir leben und sie besteht eben aus jener Materie, die nach Platon gegenüber den Ideen eine Untersuchung nicht verdiene. Im Unterschied zum Dualismus Platons vertritt Aristoteles ein „horizontales Denken", Abb. 2.2.

Ziel der von Aristoteles gegründeten Philosophenschule war es eine **Enzyklopädie des Wissens** zu schaffen. Dabei wurden für die verschiedenen Wissensgebiete die bis heute gültigen Namen gefunden, darunter *Logik, Physik, Meteorologie, Ökonomie, Rhetorik, Ethik, Psychologie* und viele bis heute verwendete Termini eingeführt, wie z. B. *Energie, Dynamik, Induktion, Substanz, Kategorie, Attribut, Universalität*. Jede Wissenschaft hat einen eigenen qualitativ unterschiedlichen Gegenstand und stützt sich auf eigene Prinzipien. Die **Mathematik** untersucht die von der „Quantität" hervorgebrachten Phänomene. Die **Physik** betrachtet Dinge, die eine *physis* (Körper) haben und erforscht die Ursachen der „Bewegung" der Körper. Die **Biologie** interessiert sich für die Probleme vom „Leben". Die **Theologie** ist das Wissen, welche das „Göttliche" zum Gegenstand hat und die **Astronomie** untersucht die Manifestationen der Gestirne des „Himmels". Es gibt keine mehr oder weniger wichti-

In dem Gemälde *Schule von Athen* (1519) stellt Raffael symbolisch die bedeutenden Denkschulen der Antike – *Platonismus* und *Aristotelismus* – mit kennzeichnenden Gesten der beiden Philosophen dar.

Platon richtet den Zeigefinger nach oben auf das ideell Gute und deutet eine Denkrichtung im vertikalen Sinne an.

Aristoteles zeigt mit ausgestreckter Hand auf die Welt und drückt eine horizontale Haltung des Denkens aus.

Abb. 2.2 Symbolisierung der Philosophien von Platon und Aristoteles in einem Gemälde von Raffael

gen Wissenschaften. Alle haben die gleiche Würde, da sie die Natur von unterschiedlichen Gesichtspunkten aus interpretieren.

Metaphysik gebildet aus griechisch *meta* (nach, über hinaus) und *physike* (Naturkunde) ist eine von Aristoteles begründete Disziplin der Philosophie. Die Metaphysik fragt nach den elementaren Gründen warum (1) überhaupt „etwas als etwas" erscheint und (2) „als solches" erkennbar ist. Zu den zentralen Begriffen der Aristotelischen Metaphysik gehören *Potential* (Möglichkeit, Vermögen) und *Aktualität* (Wirklichkeit). So enthält beispielsweise der Same *potentiell* die Pflanze, und die *aktuelle* Pflanze ist nichts anderes als die Entwicklung der im Samen enthaltenen Anlagen. Die aristotelische Metaphysik hat den zur Platonschen Ideenlehre diametral entgegen gerichteten Grundsatz: Das „Sein" ist nicht eine „Idee" sondern die konkrete „erste Substanz" (substantia prima): ein sinnlich wahrnehmbares „Ding" aus der belebten oder unbelebten Natur oder aus der Welt der künstlerischen oder technischen Dinge. Die platonische „Idee" ist dagegen etwas Übersinnliches, Geistiges, mit der versucht wird, unsere sinnliche raum-zeitliche Welt zu begründen. Aristoteles denkt umgekehrt: Zuerst ist die raum-zeitliche Welt da und dieses Konkrete, nichts anderes, bedeutet „Sein" im eigentlichen Sinn. In einer vereinfachten vergleichenden Betrachtung der beiden Sichtweisen kann das platonische Modell als erkenntnistheoretischer *Idealismus* und das aristotelische Modell als erkenntnistheoretischer *Realismus* angesehen werden.

Begriffe

Begriffe sind nach Aristoteles ein wichtiges Mittel um das Allgemeine von individuellen Dingen kennzeichnen zu können. So gibt es beispielsweise sehr viele unterschiedliche einzelne Häuser. Der Allgemeinbegriff (Universalie) *Haus* meint die Gesamtheit aller Häuser und kennzeichnet so das Allgemeine, das allen konkreten individuellen Häusern gleichermaßen zukommt.

Die antike Philosophie hat die noch nicht abschließend geklärte **Universalienfrage** aufgeworfen, ob es Allgemeinbegriffe gibt oder ob sie Gedankenkonstruktionen sind, Abb. 2.3.

Nach Aristoteles gibt es „Allgemeines" nur, wenn auch „Einzeldinge" existieren. Das Allgemeine entsteht, *wenn sich aus vielen durch Erfahrung gewonnenen Gedanken eine allgemeine Auffassung über Ähnlichkeit bildet*. Das Allgemeine ist also eine Abstraktion, die in den Einzeldingen enthalten ist: „Universalien sind in den Dingen". Platon lehrt dagegen, dass es Universalien (Ideen) für Einzeldinge gibt – sie könnten nach heutigem Sprachgebrauch als „Masterplan" bezeichnet werden. Er veranschaulicht diese Annahme mit seinem *Höhlengleichnis*, wonach eingesperrte Höhlenbewohner nur „Schattenbilder" als Abbilder der Universalien wahrnehmen können. Demnach sind die Universalien (die Platonischen Ideen) „wirklicher" als konkrete Dinge. Platon postuliert: „Universalien sind vor den Dingen".

2.2 Seinslehre

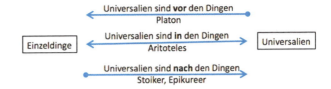

Abb. 2.3 Die Begriffe *Einzeldinge* und *Universalien* in unterschiedlicher Sichtweise der Philosophie der Antike

Stoiker und Epikureer nehmen dagegen an, dass das Allgemeine im Denken erzeugt wird. Dieser Standpunkt kann durch die Formel „Universalien sind nach den Dingen" gekennzeichnet werden.

Kategorien

Oberste Gattungsbegriffe, unter die alle anderen Begriffe subsummiert werden können, nennt Aristoteles *Kategorien*. Es handelt sich um elementare Ausdrücke, die etwas bezeichnen und deshalb auch etwas aussagen können. Neben *Haben, Tun, Erleiden* nennt Aristoteles die folgenden Kategorien:

- Substanz, die das Betrachtungsobjekt beschreibt („Was es ist"),
- Qualität, die kennzeichnet, von welcher Art etwas ist,
- Quantität, die angibt, wie groß, lang, breit usw. etwas ist,
- Relation, interpretierbar als „Wechselwirkung" mit anderen Objekten,
- Wo: Ortsbestimmung,
- Wann: Zeitbestimmung,
- Lage: Situationsbestimmung.

Logik

Begriffe verknüpft man zu Urteilen. In diesen wird über einen Begriff (Subjekt) etwas Bestimmtes ausgesagt (Prädikat). Urteile wiederum werden zu Schlüssen verbunden. Aus gewissen Voraussetzungen (Prämissen) wird etwas Neues abgeleitet. Diese „Kunst des Schlussfolgerns" und des Beweises nennt Aristoteles *Syllogistik*.

Aristoteles' Syllogismus begründet die *Logik*, die Wissenschaft die zeigen kann wann und warum eine Schlussfolgerung gültig oder falsch ist. Eine Schlussfolgerung entsteht, wenn ein Gedanke von einem Urteil zum nächsten gelangt, wobei die zugehörigen Sätze in einem notwendigen Zusammenhang stehen, so dass sich die Schlussfolgerung zwingend aus den Prämissen ergibt. Aus dieser Folgerichtigkeit, nach der ein vorausgehender Satz Ursache für die Folgerungen ist, besteht der logische Zusammenhang.

Logik des Aristoteles		Modell des Mathematikers Leonard Euler (1707 – 1783)
Klassisches Beispiel		Illustration der logischen Beziehungen:
Prämisse A: Alle Menschen sind sterblich	C B A	1. Jeder Mensch (B) ist sterblich (A).
Prämisse B: Sokrates ist ein Mensch		2. Sokrates (C) ist ein Mensch (B).
Schlussfolgerung C: Sokrates ist sterblich		3. Folgerung: Sokrates (C) ist sterblich (A).

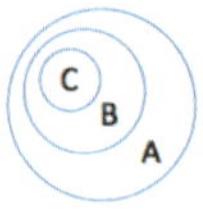

Abb. 2.4 Logik: Klassisches Beispiel nach Aristoteles und Modellierung von Leonard Euler

Ein Syllogismus muss folglich aus mindestens drei Sätzen bestehen:

- Obersatz (erste Prämisse, A),
- Untersatz (zweite Prämisse, B),
- Schlussfolgerung (C).

Das berühmteste Beispiel beweist die Sterblichkeit des Sokrates folgendermaßen, Abb. 2.4:

- Alle Menschen sind sterblich (A),
- Sokrates ist ein Mensch (B),
- also ist Sokrates sterblich (C).

Eine Kette von Schlüssen nennt Aristoteles einen Beweis. Diese Methode ist *deduktiv*, d. h. sie geht vom Allgemeinen zum Besonderen. Das Gegenstück ist die *Induktion*, sie ist das Fortschreiten vom Einzelnen zum Allgemeinen. Die Induktion sucht nach dem Gemeinsamen innerhalb einer Gattung. Die Einteilung alles Seienden ermöglicht die *Definition*. Sie besteht aus der Gattung und den artbildenden Differenzen (z. B. Mensch ist ein vernünftiges Lebewesen). Aristoteles formuliert das Prinzip vom Widerspruch: *es ist unmöglich, dass einem dasselbe in derselben Hinsicht zugleich zukomme und nicht zukomme.*

Wenn die mit dem klassischen Sokrates-Beispiel illustrierte Logik allgemein angewandt werden soll, muss die „Wahrheit der Prämissen" nachgewiesen werden oder es muss von einem *Axiom* ausgegangen werden. Der auf Aristoteles zurückgehende Axiombegriff bedeutet ein „unmittelbar einleuchtendes Prinzip", das „evident" ist und keines Beweises bedarf. In der neuzeitlichen Axiomatik unterscheiden sich Axiome von anderen Aussagen nur dadurch, dass sie nicht abgeleitet sind. Einige dieser Axiome sind für mehr als eine Wissenschaft gültig. Beispielsweise ist die Vorstellung „wenn A gleich B ist und B gleich C, dann ist auch C gleich A" (Äquivalenzprinzip) nicht nur auf nur auf Zahlen, sondern auf jedes Objekt anwendbar.

Rhetorik

Rhetorik (griechisch Redekunst) ist ein zusammenfassender Begriff für die Theorie und Praxis der Redegestaltung und ihre Bedeutung für die Wahrheitsfindung und die Bildung von Überzeugungen. Aristoteles vertritt die Überzeugung, dass zwischen *Wahrheit* und *Irrtum* ein „Zwischenraum von Wahrscheinlichkeit und Ungewissheit" liegt. Es gibt Probleme, z. B. politische und gerichtliche, die ihrem Wesen nach keine „definitiven", sondern nur „temporäre" und „wahrscheinliche" Lösungen kennen. Hier muss die Rhetorik als „Technik des Kommunizierens" für Klarheit der Darstellung sorgen und Auseinandersetzungen verhindern, die aus gegenseitigem Unverständnis entstehen.

Fundament der gesamten rhetorischen Tradition ist der Gedanke von Aristoteles, dass eine gute, unwiderstehliche Rede von den Ansichten des Gesprächspartners ausgehen muss. Die Rhetorik des Redners kann so den Gesprächspartner von den Folgerungen der Rede überzeugen, da diese sich schließlich aus den eignen Überzeugungen ergeben. Die Methodik der Rhetorik gliedert sich in die folgenden operativen Schritte:

1. Die Topik, d. h. die Suche nach allgemein akzeptierten Überzeugungen, lateinisch *loci communes* (Gemeinplätze). Wie früher die Rhetoriker suchen heute Meinungsforscher, Marketinginstitute oder auch die Medien, nach geeigneten Themen (englisch: topics) um politische oder Werbe-Botschaften danach ausrichten zu können.
2. Gliederung: Einleitung – Faktenbericht – Beweisdarlegung – Schlussfolgerung.
3. Stil, der zum Redner, der Zuhörerschaft und zum Thema passt und die Rede neu, ungewöhnlich und interessant macht. (Ratschläge für einen guten Redner: *Hauptsätze. Hauptsätze. Hauptsätze. Klare Disposition im Kopf – möglichst wenig auf dem Papier. Tatsachen oder Appell an das Gefühl, Schleuder oder Harfe*, Kurt Tucholsky 1930).
4. Memorieren von Inhalt und Form der Rede (Mnemotechniken, Gedächtnisbilder).

Raum und Zeit

In den Begriffskategorien des Aristoteles haben *Raum* und *Zeit* – artikuliert als „Wo" (Ortsbestimmung) und „Wann" (Zeitbestimmung) – eine besondere Bedeutung.

Raum ist erfahrungsgemäß ein grundlegendes Ordnungsmodell für alle physikalischen Vorgänge, er ist eine Art „Behälter" für die Materie. Der Ort eines Objekts im Raum wird mit vier Grundannahmen definiert:

- Der Ort eines betrachteten Objekts im Raum umschließt das Objekt.
- Der Ort jedes Objekts ist weder größer noch kleiner als das Objekt selbst.
- Jeder Ort kann von dem betrachteten Objekt verlassen werden.
- Jeder Ort von den drei Dimensionen Länge, Breite und Tiefe bestimmt.

Aus diesen Prämissen folgt Aristoteles, dass jeder Körper einen Ort einnimmt und auch jeder Ort stets von einem Körper eingenommen werden muss. (Wo ein Körper ist, kann kein anderer sein).

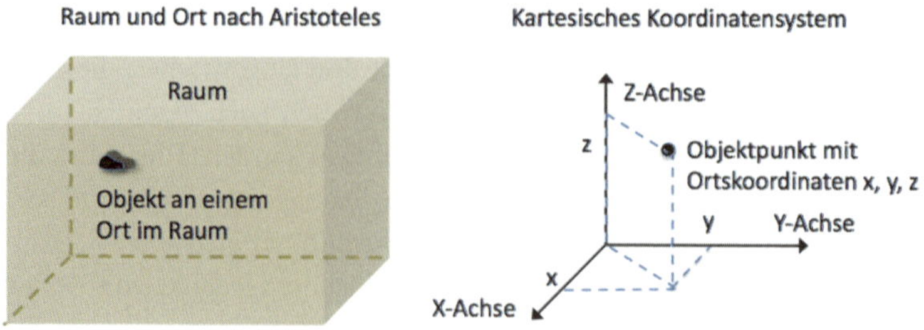

Abb. 2.5 Raum und Ort in klassischer Betrachtung und in der heutigen Koordinatensystem-Darstellung

Heute werden zur eindeutigen Kennzeichnung des Ortes eines Objektes im Raum Ortskoordinaten in einem Koordinatensystem verwendet, Abb. 2.5. Das am häufigsten verwendete Koordinatensystem ist das kartesische Koordinatensystem mit rechtwinkligen (orthogonalen) Raumachsen (benannt nach Rene Descartes, 1596–1650). Der Ort eines Punktes P im Raum ist mit Angabe des Koordinatentripels (x, y, z) exakt gekennzeichnet.

Zeit wurde historisch als vom Raum unabhängiger Begriff verstanden. Sie beschreibt die Abfolge von Ereignissen, die subjektiv mit unserem Erleben verbunden sind und als Vergangenheit, Gegenwart und Zukunft wahrgenommen werden. Die Zeitbetrachtung der Antike ist verbunden mit einer Gegenüberstellung von (a) dem *Sein* als dem Bleibenden und (b) dem *Werden* als dem sich Verändernden im Entstehen und Vergehen.

- Platon versteht die Zeit als „Verendlichung der Ewigkeit" in einer Kreisbewegung, arithmetisch beschreibbar als *nach Zahlen voranschreitendes Abbild der bleibenden Ewigkeit.*
- Aristoteles sieht die Zeit ebenfalls als *Zahl der Bewegung*, die sich in veränderlichen Intervallen bestimmen lässt und deren Grenzen die „Jetzt-Momente" sind. Das Jetzt ist Übergang vom Zukünftigen in Vergangenes. Die Folge von Jetzt-Momenten bildet ein Kontinuum, das im Prinzip unendlich teilbar ist.

Die Vorstellung, dass die Zeit eine „zyklische Struktur" hat – wie die periodische Wiederkehr der Jahreszeiten oder die periodischen Himmelsbewegungen – blieb allgemeines Gedankengut der gesamten Antike. Sie kommt auch in der zyklischen Einteilung der Zeit in die Tage der Woche zum Ausdruck, Abb. 2.6.

In der antiken Weltsicht bestimmt die periodische Wiederkehr von Naturvorgängen eine innere Notwendigkeit für alles was geschieht – so wie auf den Sommer der Herbst folgt. Auf diese naturphilosophische Beobachtung der Vegetationszyklen geht wahrscheinlich auch der mythisch-religiöse Glauben der „Seelenwanderung", die eine „zyklische Reinkarnation der Seele" annimmt, zurück.

Die *lineare Zeitauffassung* entstand in der jüdisch-christlichen Kultur und geht von der Überzeugung aus, dass es nur eine einzige Richtung der Zeit gibt, Abb. 2.7. Diese Vorstellung der Zeit beinhaltet auch den Begriff der *Geschichte* als unwiederholbare Epochen

2.2 Seinslehre

Die Benennung der Tage stammt von den Babyloniern und basiert auf den mit bloßem Auge sichtbaren „Wandelsternen" des geozentrischen Weltbilds – Sonne, Mond, Mars, Merkur, Jupiter, Venus, Saturn – die in der Antike als Sitz der Götter angesehen wurden. Der pythagoreischen Zahlensymbolik folgend können die Tage den Spitzen des 7-Sterns zugeordnet werden.

Abb. 2.6 Die zyklische Einteilung der Tage einer Woche

Abb. 2.7 Lineare Auffassung der Zeit und Zeitbegriffe

zeitlicher Ereignisabfolgen. Eine linear fortschreitende Zeit legt auch den Begriff „Fortschritt" nahe, der mit zukunftsorientiertem Denken und Handeln verbunden werden kann. Die Zeit kennzeichnet damit das Fortschreiten der aus der Vergangenheit kommenden Gegenwart zur Zukunft:

In der Physik dient die Zeit, ebenso wie der Raum, zur Beschreibung physikalischen Geschehens. *Das Vergangene ist faktisch, das Zukünftige ist möglich* (Carl-Friedrich von Weizsäcker). Unter allen denkbaren Ereignissen im dreidimensionalen Raum können – in Kombination mit allen dazu denkbaren zeitlichen Abläufen – nur solche Ereignisse beobachtet werden, die den physikalischen Gesetzen gehorchen. Seit der von Einstein begründeten Relativitätstheorie werden Raum und Zeit theoretisch in einer vereinheitlichten vierdimensionalen Raum-Zeit Struktur mit räumlichen und zeitlichen Koordinaten modelliert.

Die Merkmale der Dinge

Stoff (Materie) und *Form* (Gestalt) sind nach Aristoteles die grundlegenden Merkmale aller Dinge. Die Form – die auch Energie als Wirkursache einschließt – wirkt auf den Stoff ein, der dadurch zu einem bestimmten Ding wird. In der heutigen Technik sagt man: „Durch Formgebung wird aus einem Werkstoff ein technisches Produkt".

Stoff und *Form* gehören nach Aristoteles zu den „vier Merkmalen des Seienden", die beiden anderen sind *Ursache* und *Zweck*, Abb. 2.8. Die Dinge werden durch *techne* (griechisch Handwerk, Kunstfertigkeit, heute *Technologie*) geschaffen, um ihren Zweck – die mit ihrer Gestalt verbundene *Funktion* – zu erfüllen.

- Die Seinslehre des Aristoteles enthält die Grundzüge des ingenieurmäßigen Systemdenkens der heutigen Technik (siehe Abschn. 4.6).

Abb. 2.8 Kennzeichen der Dinge des Seins nach Aristoteles

2.3 Rationalismus

Die Philosophie der Neuzeit im 17. und 18. Jahrhunderts geht mit unterschiedlichen Denkmodellen in zweifacher Weise vom „Ich" im platonischen Dreieck aus. Einerseits wird das Ich als „Vernunftwesen" aufgefasst und das Modell des *Rationalismus* entwickelt. Andererseits sieht man das Ich als „Sinneswesen" und begründet damit den *Empirismus*.

Der Rationalismus geht davon aus, dass – unter der Voraussetzung einer „logischen Ordnung der Welt" – die Erkenntnis der Wirklichkeit aus dem vernünftigen Denken erreichbar ist. Dieses philosophische Modell nimmt an, dass nur dann etwas sicher erkannt werden kann, wenn es möglich ist, es rational zu erfassen und von einfachen, unmittelbar einsichtigen und von der Erfahrung unabhängigen oder ihr vorausgehenden Prinzipien (a priori) abzuleiten.

Der Begründer des Rationalismus Rene Descartes. lateinisiert Cartesius (1596–1650) sieht als Basis wahrer Erkenntnis das eigene Ich an: „ich denke, also bin ich" (cogito ergo sum).

Während die antike Naturphilosophie versuchte, durch ein „einheitliches Grundprinzip" Ordnung in die Vielfalt der Dinge und Erscheinungen zu bringen, vertritt Descartes einen „Dualismus" von Körper und Geist. Das Ich ist das „erkennende Subjekt", in dem Geist, Seele, Verstand, Vernunft zusammenfallen. Gegenstück sind die „Objekte" der äußeren Natur. Er deutet den menschlichen Körper als „Mechanismus der Natur", grenzt ihn vom Geist ab und postuliert zwei unterschiedliche Substanzen: (a) die „ausgedehnte Substanz", die den körperlichen Teil des Menschen bildet und (b) die „denkende Substanz", die Gott und den menschlichen Verstand umfasst.

- Die Körper stehen unter der Wirkung natürlicher Gesetze.
- Der Geist ist frei und trifft über die Vernunft seine Entscheidungen.

Diese Aufteilung der Natur in zwei Teilbereiche – Geist und Materie, Subjekt und Objekt, Beobachter und Beobachtetes – wurde zu einem wesentlichen Bestandteil der neuzeitlichen abendländischen Weltsicht. Offen bleibt die Frage der Vermittlung und Wechselwirkung zwischen diesen Substanzen – das Leib-Seele-Problem.

Neben seinen philosophischen Arbeiten begründet Descartes in der Mathematik die Analytische Geometrie und entwirft die Methode der *cartesischen Analyse und Synthese* von Problemen:

- Zerlegung einer Problemstellung in seine einfachsten Elemente (Reduktionismus),
- Analyse der einzelnen Elemente zur Gewinnung klarer und einfacher Aussagen,
- Zusammensetzung der Elementaussagen zur Gesamtlösung der Problemstellung.

Im Unterschied zum cartesischen Dualismus vereinigt die Philosophie von Spinoza (1632–1677) sowohl Gott und Materie als auch Denken und Materie zum Modell eines „Monismus", in dem Gott und die Welt eine einzige „Substanz" bilden. Die Substanz enthält interne Differenzierungen: die „Ausdehnung", dessen Grundmodi *Gestalt* und *Bewegung* sind und das „Denken" mit den Grundmodi *Idee* und *Willensakt*.

Nach Spinoza ist es einerlei, ob die Welt mit Hilfe geistiger, abstrakter, religiöser Begriffe oder mit Hilfe der Begriffe für materielle Gegenstände beschrieben wird. Gott ist weder außerhalb noch innerhalb der Welt: *er ist die Welt* und lenkt sie durch die Naturgesetze. Alles Geschehen unterliegt einer absoluten logischen Notwendigkeit. Als Gottes Geschöpfe verkörpern wir dieselbe Dualität. Wir sind in ein und derselben Person Köper und Seele.

Es ist als wäre der Körper die Seele in anderer Gestalt. Es handelt sich bloß um unterschiedliche Beschreibungsarten derselben Wirklichkeit.

In seiner Erkenntnislehre unterscheidet Spinoza drei Arten der Erkenntnis:

(a) die sinnliche Erkenntnis, die durch *Affektionen* (Einwirkungen auf das Empfinden) entsteht und ungeordnete Begriffe hervorbringen kann,
(b) die rationale Erkenntnis, die mit definierten Gemeinbegriffen operiert,
(c) die intuitive Erkenntnis, die Erkenntnis in Bezug auf das Absolute gewinnt.

Nach Spinoza sind nur wahre Ideen klar und deutlich. Sie schließen die Gewissheit der Wahrheit ein, da die Wahrheit ihr eigener Maßstab ist und kein anderes Kriterium außer sich hat.

Die rationalistische Philosophie erreicht mit Leibniz (1646–1716), einem Universalgelehrten und Vordenker der Aufklärung seinen Höhepunkt. In der Mathematik beschrieb er das Dualsystem, erdachte (parallel zu Newton) die Differential- und Integralrechnung, konstruierte eine mechanische Rechenmaschine und entwickelte die Dezimalklassifikation.

In seinen philosophischen Überlegungen postuliert er die *Monadenlehre*. Dabei geht er von der Atomistik aus, die zur Erklärung des körperlichen Seins Atome als einfache letzte Einheiten annimmt. Leibniz erweitert dieses Postulat und argumentiert, dass materielle Atome real aber keine „Punkte" sind, Punkte sind unteilbar und mathematisch irreal. Realität und Unteilbarkeit vereinen sich nur in elementaren Substanzeinheiten, den *Monaden*. Sie sind individuelle „Kraftpunkte", haben keine Gestalt, können als Substanzen weder erzeugt noch vernichtet werden und sind „fensterlos", nichts kann aus ihnen heraus oder in sie hineinwirken. Organismen sind Komplexe von Monaden. Sie haben eine Zentralmonade (Seele), die mit den anderen Monaden, die den „Leib" bilden, in einer von Gott vorgegebenen „prästabilierten Harmonie" im Einklang zusammenwirkt.

Als Beitrag zur *Erkenntnistheorie* ergänzt Leibniz die empiristische Formel „nichts ist im Verstand was nicht vorher in den Sinnen gewesen ist" durch den Zusatz „außer der Verstand selbst". Die bloße Aneinanderreihung von Sinneseindrücken ergibt nur *wahrscheinliche* Ergebnisse (genannt *Tatsachenwahrheiten*), klare und richtige Ergebnisse (genannt *Vernunftwahrheiten*) kann nur die Vernunft erkennen. Die Vernunftwahrheiten – zu denen die logischen Gesetze zählen – sind notwendig, die Tatsachenwahrheiten sind jedoch nicht ohne einen Abgleich mit der Wirklichkeit zu ermitteln.

Leibniz fand, dass es für logische Schlüsse zwei Prinzipien gibt: (a) das Prinzip der Widerspruchsfreiheit (*Ein Satz ist entweder wahr oder falsch*), (b) das Prinzip des zureichenden Grundes (*Ohne zureichenden Grund kann keine Tatsache wahr und keine Aussage richtig sein*). Der letzte zureichende Grund muss Gott sein. Dahinter steht die Überzeugung, dass Gott von den logisch möglichen Welten die „beste Welt" ausgewählt und geschaffen habe. Zu ihrem Grundprinzip gehört, dass in ihr nichts ohne zureichenden Grund geschieht. Allerdings stellt sich dabei das Problem der *Theodizee* (Rechtfertigung Gottes), d. h. die Frage, wie die Güte Gottes mit dem Übel in der Welt vereinbar ist. Die Lösung sieht Leibniz darin, dass die „beste aller möglichen Welten" keineswegs eine Welt sein kann, die nur Vollkommenes enthält, denn dann bestünde sie in einer Verdopplung Gottes. Wenn also überhaupt eine Welt von Gott geschaffen wird, dann ist dies nur unter Zulassung des Übels möglich.

2.4 Empirismus

Im Empirismus, der sich historisch in England entwickelte, wird die sinnliche Erfahrung als Grundlage der Erkenntnisfähigkeit des Menschen betrachtet. Der Empirismus geht davon aus, dass die Realität nur mit Hilfe einzelner Gegenstände und die Sinneswahrnehmung erreicht werden kann. Dem Denken kommt lediglich die Aufgabe zu, die Eindrücke richtig zu ordnen und „induktiv" zu komplexen Urteilen zu verbinden. Bereits zu Beginn des

2.4 Empirismus

17. Jh. forderte Bacon (1561–1626) eine „neuzeitliche Wissenschaft", die sich radikal von der mittelalterlichen Scholastik abgrenzt und sich primär an *Wahrnehmung und Erfahrung* orientiert. Das Ziel der neuen Wissenschaft soll in einer Naturerkenntnis liegen, die man auch praktisch verwerten kann.

Als Begründer des Empirismus gilt John Locke (1632–1704). Er setzte sich kritisch mit der mittelalterlichen Seinsphilosophie auseinander und betonte, dass einzig unsere Sinne den Kontakt zwischen uns und dem äußeren Sein herstellen. Locke unterscheidet zwischen der Wahrnehmung äußerer Gegenstände (*sensation*) und innerer seelischer Zustände (*reflection*). Auf diese Weise könnten Bewusstseinsinhalte (*ideas*), wie Gedanken, Gefühle, Sinnesbilder, Erinnerungen gebildet werden, die der menschliche Verstand zu Vorstellungen von Dingen zusammenfügt. Dabei müssen wir aber unser geistiges Vermögen analysieren und herausfinden, wozu es fähig ist und wozu nicht. Dies bildet die Grenze des von uns Begreifbaren, was darüber hinausgeht spielt keine Rolle, da es zu uns nicht durchdringen kann. Im Unterschied zu Platons „eingeborenen Ideen" sagt Locke, dass der menschliche Verstand bei der Geburt ein unbeschriebenes Blatt (*tabula rasa*) ist, das im Verlauf des Lebens durch die Erfahrung beschrieben wird.

Einen *idealistischen Monismus* vertrat Berkeley (1685–1753). Er kritisiert Lockes Unterscheidung von primären Qualitäten (Ausdehnung, Gestalt) und sekundären Qualitäten (Farbe, Geruch, Geschmack) in der Wahrnehmung äußerer Gegenstände. Sein konsequenter Empirismus führt zu dem Schluss, dass nur Geistiges und seine Inhalte und ihre Erfahrungen existieren. Er verdichtet seine Philosophie zu dem Satz: *Sein ist Wahrgenommenwerden oder Wahrnehmen.*

Der britische Philosoph David Hume (1711–1776) fragt, wie die Inhalte unseres Bewusstseins zustande kommen. Er stellt fest, dass alle Bewusstseinsinhalte letztlich sinnliche Wahrnehmungen (*perceptions*) in Form von *Impressionen* und *Ideen* sind:

- Impressionen sind aktuelle Sinnesempfindungen, wenn wir sehen, hören, tasten, etc.,
- Ideen sind entweder Reflexionen von Impressionen oder Impressions-Assoziationen aus Ähnlichkeiten der räumlich-zeitlichen Wahrnehmung oder auf Grund von Ursache-Wirkung-Zusammenhängen.

Hume folgert draus, dass das „Ich" lediglich ein Bündel von sinnlichen Wahrnehmungen ist und „Dinge" nur Serien von Perzeptionen im sinnlichen Bewusstsein sind. Er bezweifelt allerdings, dass „letzte Gewissheit" im Bereich der Erfahrung möglich ist.

- Aus Erfahrung lässt sich keine kausale Notwendigkeit logisch begründen.

Beobachtungen erlauben nur den Erfahrungsschluss, dass von gleichartigen Ursachen gleichartige Wirkungen mit einer bestimmten Wahrscheinlichkeit zu erwarten sind.

Hume vertrat die Position, dass eine „Induktion" im Sinn eines Schlusses von Einzelbeobachtungen auf ein allgemeines Gesetz nicht zulässig ist. Man kann noch so viele Beobachtungen x mit den Eigenschaften y machen, bewiesen ist damit nicht, dass die nächste

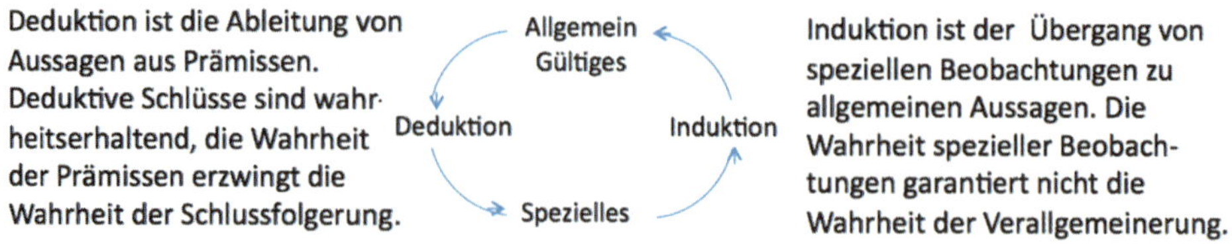

Deduktion ist die Ableitung von Aussagen aus Prämissen. Deduktive Schlüsse sind wahrheitserhaltend, die Wahrheit der Prämissen erzwingt die Wahrheit der Schlussfolgerung.

Allgemein Gültiges
Deduktion → Induktion
Spezielles

Induktion ist der Übergang von speziellen Beobachtungen zu allgemeinen Aussagen. Die Wahrheit spezieller Beobachtungen garantiert nicht die Wahrheit der Verallgemeinerung.

Abb. 2.9 Die Begriffe *Deduktion* und *Induktion* und ihre Bedeutung

Beobachtung *x* ebenfalls die Eigenschaft *y* hat. Die Verneinung einer „Induktion" impliziert eine Zustimmung zur „Deduktion", worunter seit Aristoteles der logische Schluss vom Allgemeinen auf das Spezielle verstanden wird, Abb. 2.9.

2.5 Aufklärung und Kognition

Die gegensätzlichen philosophischen Strömungen des *Rationalismus* (Primat des Verstandes) und des *Empirismus* (Primat der sinnlichen Erfahrung) überwand Kant (1724–1804). Seine Aphorismen zur *Philosophie*, zur *Ethik* und zur *Aufklärung* sind berühmt:

- *Philosophie* fragt nach den Bedingungen der Möglichkeit der Erfahrung.
- *Ethik* (kategorischer Imperativ): Handle nur nach derjenigen Maxime, durch die du zugleich wollen kannst, dass sie ein allgemeines Gesetz werde.
- *Aufklärung* ist der Ausgang des Menschen aus seiner selbstverschuldeten Unmündigkeit. Unmündigkeit ist das Unvermögen sich seines Verstandes ohne Leitung eines anderen zu bedienen. Der Wahlspruch der Aufklärung (engl. *the enlightenment*) ist: *Habe den Mut, dich deines eigenen Verstandes zu bedienen*.

Die Philosophie von Kant behandelt die Strukturen de Vernunft, d. h. den „Erkenntnisapparat des Menschen" zum Erkennen von Dingen. Kant entwickelte in seinem Werk *Kritik der reinen Vernunft* (1781) durch die Verbindung von Rationalismus und Empirismus einen **Transzendentalen Idealismus** mit folgenden Grundgedanken:

- Alle Erkenntnis beginnt mit der sinnlichen Erfahrung.
- Ein „Ding an sich" bezeichnet ein „Objekt", das existiert, unabhängig davon, ob es von einem „Subjekt" wahrgenommen wird. Die „Subjekt-Objekt-Spaltung" ist nach Karl Jaspers die unaufhebbare Differenz zwischen Erkenntnisgegenstand (Objekt) und Erkennendem (Subjekt).
- Erkenntnis ist durch zwei Typen von Bestimmtheiten strukturiert:
  - variable (veränderbare, wechselnde) Bestimmungen resultieren aus den stets wechselnden Inhalten des Erkennens,
  - invariable (unveränderbare) Bestimmungen bleiben bei allen konkreten Erkenntnissen dieselben.

2.5 Aufklärung und Kognition

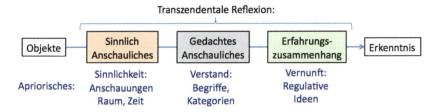

Abb. 2.10 Der Erkenntnisaufbau nach Kant in einer vereinfachten Übersichtsdarstellung

- *Transzendental* ist eine erkenntnistheoretische Reflexion, die sich nicht mit den Gegenständen selbst, sondern mit den „Bedingungen der Möglichkeit der Erkenntnisart von Gegenständen" beschäftigt (nicht zu verwechseln mit dem theologischen Begriff *transzendent*).
- Für die Gewinnung von Erkenntnissen sind die beiden, nicht auseinander reduzierbaren Erkenntnisstämme (a) Sinnlichkeit und (b) Verstand erforderlich:
  (a) *Sinnlichkeit* ist die Fähigkeit, Empfindungen von Gegenständen mittels eines Sinnesapparates aufzunehmen. Nach Kant ist die Form der Anschauung (nämlich Raum und Zeit) „a priori" vorhanden, alle Sinneseindrücke können nur aufgrund der Einordnung in Raum und Zeit eine Quelle für Erkenntnis sein.
    - *Raum:* Anschauungsform des „äußeren Sinnes" (sehen, tasten, etc.) zur Bestimmung von Gestalt und Größe von Gegenständen und ihrem Verhältnis untereinander,
    - *Zeit:* Anschauungsform des „inneren Sinnes" (Gedächtnis, Einbildungskraft, Urteilskraft, u. a.) zur Bestimmung der Gleichzeitigkeit oder Aufeinanderfolge.
  (b) *Verstand* ist das Vermögen, Begriffe zu bilden und diese zu Urteilen zu verbinden. Kant unterscheidet vier Kategorien grundlegender Urteilsfunktionen:
    - *Quantität:* Einheit, Vielheit, Allheit,
    - *Qualität:* Realität, Negation, Limitation,
    - *Relation.* z. B. Ursache-Wirkung-Relation, Wechselwirkungsrelation,
    - *Modalität:* Möglichkeit-Unmöglichkeit, Dasein-Nichtsein, Notwendigkeit-Zufälligkeit.

Der Begriff *Vernunft* bezeichnet die Fähigkeit des menschlichen Denkens aus dem im Verstand erfassten Sachverhalten Schlussfolgerungen zu erstellen, sowie Regeln und Prinzipien aufzustellen.

Ein vereinfachtes Schema des Erkenntnisaufbaus zeigt Abb. 2.10.

Das eigentlich selbstverständliche und von allen Menschen ständig praktizierte Zusammenwirken von *Sinnlichkeit, Verstand und Vernunft* kann an einem Alltagsbeispiel illustriert werden: Angenommen, ich finde einen Gegenstand auf der Straße. Mit meinen Sinnen *Sehen* und *Tasten* stelle ich fest, dass es ein zylinderförmiger, angespitzter Holzstab mit einem schwarzen Kern ist. Der *Verstand* sagt: das ist ein Bleistift und die *Vernunft* kommt zu der Erkenntnis: damit kann ich schreiben und zwar in schwarzer Schrift.

Mit seiner Erkenntnislehre beantwortete Kant seine grundlegende philosophische Frage „Was kann ich wissen?" Als erster Philosoph betonte er, dass das menschliche Wissen nicht durch das was existiert, sondern von unserem „Erkenntnisapparat" begrenzt wird. Alles was wir irgendwie wahrnehmen, sei es ein Gegenstand, ein Gefühl oder eine Erinnerung, erfassen wir mit Hilfe unserer fünf Sinne, unseres Gehirns und unseres zentralen Nervensystems. Was wir damit nicht verarbeiten können, ist für uns nicht erfahrbar, da wir es nicht erfassen können.

Die Erkenntnislehre von Kant sieht als unabdingbare Voraussetzung für eine gültige Erkenntnis stets das Zusammengehen von Anschauung und Denken an.

Nach Schopenhauer (1788–1860), der mit seinem wortgewaltigen Werk *Die Welt als Wille und Vorstellung* Kants Überlegungen nachvollzieht, hat Kant mit seiner Philosophie den „entscheidenden Durchbruch in der Geschichte des menschlichen Geistes erzielt". Schopenhauer entwickelte die Gedanken Kants weiter und entwarf – unter Einbeziehung von Betrachtungen der Künste und östlicher Philosophien – eine Lehre, die gleichermaßen Ethik, Metaphysik und Ästhetik umfasst.

Kognition

In der abendländischen Philosophiegeschichte nach Kant ist die Beschäftigung mit dem **Denken** zunehmend in den Vordergrund getreten. Zwei unterschiedliche Ansichten zum Problem des Denkens haben sich herausgebildet

- Die in der ersten Hälfte des 20. Jahrhunderts im Rahmen der Psychologie entwickelte Theorie des *Behaviorismus* schloss aus, dass geistige Operationen aufgrund ihrer „Immaterialität" Gegenstand wissenschaftlicher Forschung sein können. Der Denkvorgang wurde als nicht ermittelbares Phänomen (*black box*) angesehen.
- In den 1960er Jahren machte die *Kognitionswissenschaft* (Science of the Mind) das Denken zu ihrem Forschungsgegenstand und entwickelte einen interdisziplinären Ansatz, der Erkenntnisse der *Kybernetik* (Wissenschaft der Steuerung und Regelung), Theorien zur menschlichen Psyche (Denkpsychologie) und zur Struktur des menschlichen Gehirns sowie der Neurowissenschaften zusammenführt.

Die Kognitionswissenschaft beschreibt den menschlichen Geist als „System der Informationsverarbeitung". Als Beispiel wird der Denkprozess zur Auslösung einer menschlichen Handlung als Reaktion auf einen durch ein Sinnesorgan empfangenen Stimulus betrachtet (z. B. Reaktion eines Autofahrers auf ein Ampelsignal).

Nach dem Wahrnehmungssystem als Modellvorstellung der Kognitionswissenschaft, Abb. 2.11, gehen aus der Umwelt Reize aus, die als *Inputs* auf den Sinnesapparat treffen und für kurze Zeit (Bruchteile von Sekunden) im Kurzzeitgedächtnis verbleiben. Aus der

2.6 Existenzphilosophie

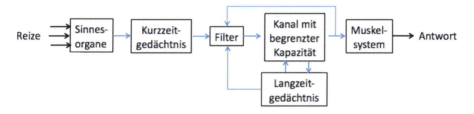

Abb. 2.11 Das Wahrnehmungssystem als Modellvorstellung der Kognitionswissenschaft

Vielzahl der Inputs trifft ein Filter durch psychische Operationen eine situationsbezogene Auswahl. Ist der Filter geschlossen, erlöschen die Reize. Ist er offen, gelangen die Reize in den Signalverarbeitungskanal, wo die eigentliche Informationsverarbeitung im Zusammenwirken mit dem Langzeitgedächtnis stattfindet. Der Prozess erfolgt sequentiell mit maximal sieben Informationsblöcken, wie experimentell nachgewiesen wurde. Als Ergebnis wird die Antwort auf den Input-Stimulus (Reiz) an das Muskelsystem weitergeleitet (z. B. grünes Ampelsignal → Weiterfahren, rotes Ampelsignal → Bremsen) und der Kanal geleert. Gleichzeitig mit der Leerung des Kanals erfolgt eine Rückmeldung (*Feedback*), der die Öffnung des Filters und damit den Beginn eines neuen Verarbeitungszyklus ermöglicht.

2.6 Existenzphilosophie

Der Existenzphilosophie ist eine Richtung der Ichphilosophie, die als Zentrum die Existenz des Menschen sieht. Diese Entwicklung wird historisch als Wende des philosophischen Denkens vom *Objekt* (das Sein) zum *Subjekt* (der Mensch) gesehen. Die Existenzphilosophie wurde vorbereitet durch die *phänomenologische Philosophie* von Husserl (1859–1938). Er prägte den Satz: *Ich bin – alles Nicht-Ich ist bloß „Phänomen" und löst sich in phänomenale Zusammenhänge auf.*

Basis der Phänomene ist die Schicht des *Empirisch-Realen*, sie trägt die zweite Schicht der *Wesenheiten und Wesenssachverhalte*. Phänomenologische Experimente zeigen, dass die Korrelation zwischen dem wahrgenommenen Objekt und dem wahrnehmenden Subjekt durch Intentionen, Vorurteile, Wissen und Glaubensgrundsätze beeinflusst wird.

Als eigentlicher Begründer der Existenzphilosophie gilt Kierkegaard (1813–1855). Er sagt *Das Leben kann nur rückwärts verstanden werden – es muss aber vorwärts gelebt werden.* Das objektive Denken drückt alles im Resultat aus, aber im subjektiven Denken ist alles im Werden. Während dem objektiven Denken das denkende Subjekt und seine Existenz gleichgültig ist, ist der subjektive Denker als *Existierender* an seinem eigenen Dasein interessiert. Dafür sieht die Existenzphilosophie zwei Möglichkeiten:

- Der Mensch kann von sich selbst und seiner persönlich-individuellen Subjektivität absehen und sein Interesse auf das objektive, wissenschaftlich-technisch Gegebene richten. Das ist die naturwissenschaftliche Sichtweise.

- Der Mensch kann aber auch in subjektiver Reflexion sein eigenes individuelles Sein – die Existenz des Ich – als Möglichkeit der radikalen Freiheit ergreifen: *Ich bin das, als was ich mich im Existieren entwerfe.* Das ist die Position der Existenzphilosophie.

Der um 1930 geprägte Begriff *Existenzialismus* umfasst philosophische Strömungen, die in der „individuellen Existenz" die fundamentale Eigenschaft des Menschen sehen. Der Existenzialismus ist weniger eine Theorie als eine Geisteshaltung, die das kulturelle Klima nach dem zweiten Weltkrieg widerspiegelt. In theoretischer Hinsicht ist für die Existenzphilosophie der Unterschied zwischen „objektiver und subjektiver Reflexion" kennzeichnend. Heidegger (1889–1976) stellt dabei die Frage nach dem „Sinn von Sein", die es systematisch nötig macht, die Existenz des Menschen nicht als „Ding unter anderen Dingen" zu betrachten, sondern ihm eine eigene Seinsbedeutung zuzusprechen. Die Existenzphilosophie stellt also dem Menschen das eigene Selbst als Freiheit und als Möglichkeit vor Augen. Die Verantwortung für die „freie Existenz" bedeutet aber auch das Verlassen des alltäglichen *In-der-Welt-Sein* und wirft die zentrale Frage nach dem „Sinn des Lebens" auf.

Die **Sinnproblematik** wird in der Existenzphilosophie mit unterschiedlichen, hier nur stichwortartig umrissenen Ansätzen behandelt:

- Kierkegaard sah die einzige Lösung in der existentiellen Bindung des Menschen an Gott.
- Jaspers (1883–1969) empfand die Sinnfrage und den Tod als Chiffren Gottes, die dem Menschen zur Deutung aufgegeben sind.
- Bloch (1885–1977) äußerte in seinem Werk *Das Prinzip Hoffnung* die Erwartung einer realen Demokratie ohne „Entfremdung" des Menschen.
- Adorno (1903–1969) kennzeichnet die Frage nach dem Sinn des Lebens als eine der letzte Fragen, in denen die Kategorien der Metaphysik weiterleben.
- Sartre (1905–1980) schloss Gott als letzter Sinn-Grund aus, woraus die Absurdität der Existenz folgt, die der Mensch zu durchleben hat. Der Mensch ist durch den Zufall seiner Geburt „in die Existenz geworfen" ist und muss aktiv selbst versuchen, dem Leben einen Sinn zu geben.
- Camus (1913–1960) verglich in seinem Buch *Der Mythos des Sisyphos* das Sein mit den Zyklen des mühsamen Hinaufwälzens-Herabrollens eines Steins auf einen Berg,
- Sloterdijk (*1947) geht in der Betrachtung der Sinnfrage in seinem Buch *Kritik der zynischen Vernunft* (1983) bis auf den Kynismus/Zynismus der Antike zurück. Zynismus ist heute, wenn Menschen zwar eine große Sinnleere in ihrem Leben empfinden, das Leiden daran jedoch unterdrücken. Ihr Leben wird dann nur noch von Sachzwängen und dem Selbsterhaltungstrieb vorangetrieben.

2.7 Geistphilosophie

Der dritte grundlegende Bereich der Philosophie betrifft nach dem Platonischen Dreieck die „Geistphilosophie". Unter diesem Begriff werden diejenigen philosophischen Modelle zusammengefasst, in denen die Zusammenschau von Sein (Objekt) und Ich (Subjekt), Ontologie und Transzendentalphilosophie thematisiert wird.

Das Absolute

Der Begriff *das Absolute* bezeichnet das Enthobensein von allen einschränkenden Bedingungen oder Beziehungen. Auf der Grundlage der Bedeutung dieses Begriffs wurden – insbesondere im *Deutschen Idealismus* um die Wende des 18. zum 19. Jahrhundert – verschiedene philosophische Modelle entwickelt, um „das Ganze der Welt" zu erkennen und in einem systematisch aufgebauten Lehrgebäude darzustellen. Im Deutschen Idealismus des frühen 19. Jahrhunderts dominierten oft spekulative Auffassungen, die nicht der Denkweise der modernen Naturwissenschaft gerecht wurden, sondern ästhetischen oder mystischen Charakter hatten. Dabei wurden teilweise neuartige Terminologien und ungewöhnliche (heute schwer deutbare) Wortbildungen in die philosophischen Modelle eingeführt.

Fichte (1762–1814) verstand das Absolute als „Subjektivität und Aktivität". Das reine Ich ist ein geistiges Prinzip, das jeder Realität zugrunde liegt. Das Absolute schafft sich die Natur, d. h. die materielle und passive Wirklichkeit. Fichte glaubte, dass die Menschen zu bewusstem Handeln fähig und daher „moralische Wesen" sind. Der moralische Wille und nicht der wissende Geist ist für unsere menschliche Existenz entscheidend. Er formuliert in seiner Wissenschaftslehre drei Kernsätze:

1. *Das Ich setzt sein eigenes Sein, begründet sich selbst.* Fundament des Wissens ist nicht eine Tatsache sondern eine schöpferische Tätigkeit, die sich im Ich erzeugt.
2. *Das Ich setzt sich einem Nicht-Ich (Gegenstand) entgegen.* Die entgegen gesetzten Gegenstände sind im Bewusstsein.
3. *Ich und Nicht-Ich stehen in einer Disjunktion („Oder-Verknüpfung").*

Alles, was im menschlichen Geist vorkommen kann, muss sich nach Fichte aus diesen Grundsätzen ableiten lassen.

Schelling (1775–1854) sah im Absoluten die ununterschiedene Einheit von Natur und Geist. Die Natur („Nicht-Ich") ist ein grundlegender Wert, symmetrisch zum Geist und gleichermaßen notwendig. Man kann vom Geist aus zur Natur kommen, aber man kann auch den umgekehrten Weg gehen. Der Mensch ist Teil der Natur. Daher ist die menschliche Schöpfungskraft Teil der Produktivität der Natur. Im Menschen ist die Natur zu Selbstbewusstsein gelangt. In seinen Berliner Vorlesungen stellte Schelling eine zentrale Frage der gesamten Philosophie: *Warum ist überhaupt etwas? Warum ist nicht nichts?* Diese Frage wird bis heute als die ultimative Frage für jeden angesehen, der nicht an Gott glaubt.

Hegel (1770–1831) erhebt mit seiner Philosophie den Anspruch, die gesamte Wirklichkeit in der Vielfalt ihrer Erscheinungsformen einschließlich ihrer geschichtlichen Entwicklung zusammenhängend und systematisch zu deuten. Im Mittelpunkt seines Systems – in dem er die tradierte Metaphysik (Aristoteles) und das moderne Naturrecht (Locke) zum

Hegels Enzyklopädie der Wissenschaften
Nach Hegels Philosophie wird jeder Aspekt der Wirklichkeit nur erklärbar, wenn er in einem *dialektischen Kreis* – in dem er teilhat und der ihn in Beziehung mit dem Rest der Welt setzt – gesehen wird. Alles *Endliche* hat für sich keine Wirklichkeit, so wie ein Organ nicht außerhalb seines Körpers leben kann.

Abb. 2.12 Der zirkulare Prozess des Wissens nach Hegel

Ausgleich zu bringen versuchte – steht das Absolute, der „Weltgeist". Das Absolute ist für Hegel nichts unbewegt Substantielles sondern dynamisch, es entwickelt sich „dialektisch".

Die Hegelsche Dialektik ist keine formale Denktechnik. Die „dialektische Entwicklung" in Gegensätzen und Widersprüchen gehört nach seiner Auffassung notwendig zu Geist und Begriff und damit auch zur Wirklichkeit selbst. Die **Hegelsche Dialektik** ist der „Dreischritt" von *These, Antithese, Synthese*, der sich stichwortartig wie folgt kennzeichnen lässt:

- Das erste Moment ist das Sein an sich (These).
- Das zweite Moment ist das Sein außerhalb seiner selbst (Antithese).
- Das dritte Moment ist die Rückkehr zu sich selbst (Synthese).

Die Unendlichkeit des Wissens, der „Absolute Geist" entwickelt sich als zirkularer Prozess, Abb. 2.12: Als *These* besteht der Geist in der *Logik*, die sein vernünftiges Wesen abstrakt ausdrückt. Als *Antithese* ist er Materie (*Philosophie der Natur*). Als *Synthese* besteht er im Vorgang einer fortschreitenden Vergeistigung der Materie (*Philosophie des Geistes*).

In Hegels System der Philosophie gibt es nichts Bleibenden – was ja bereits Heraklit betonte *(Alles fließt)* – die Realität besteht aus einem Prozess unaufhörlichen Werdens. Kein Wesen kann fortbestehen, indem es sich selbst gleich bleibt. Wenn das Unendliche in der Endlichkeit der Dinge lebt, hat jedes Bruchstück der Wirklichkeit einen spezifischen Wert. In der Geschichte sind die Stufen der fortschreitenden Entwicklung des Geistes (ähnlich wie Räderwerke in einem Mechanismus) notwendig und unverzichtbar, es gibt in der Geschichte keine positiven oder negativen, legitimen oder illegitimen Ereignisse. Nach Hegels *Rechtfertigungstheorie* hat alles, was geschehen ist, seinen präzisen und unleugbaren Grund. Wenn alles Endliche in einen höheren, globalen Zusammenhang eingeschlossen ist, erreicht man, der Logik des Fortschreitens folgend, das „Absolute" aus dem nichts ausgeschlossen ist.

Im Hegelschen System der dialektischen Verknüpfung von These, Antithese sowie der Aufhebung der Gegensätze in einer Synthese wurde nicht mehr an eine deduktive Verknüpfung nach dem Vorbild mathematischer Axiomensysteme gedacht.

Einen Gegensatz der gesamten Philosophie von Platon bis Hegel bildet das dichterisch-sprachgewaltige Werk von Nietzsche (1844–1900). In seinem Mittelpunkt steht als Subjekt schlechthin das „Leben", das durch die qualitative Differenz zweier Grundkräfte bestimmt wird: die eine ist die aktive, die andere die reaktive. Der Wille zur Macht in der Differenz der Kräfte macht alles Leben zum „Kampfspiel". Die Überlegungen Nietzsches entfalten ihren Einfluss bis in die Gegenwartsphilosophie.

2.8 Materialismus

Der *Materialismus* kann als eine dem Idealismus entgegen gesetzte Grundrichtung der Philosophie charakterisiert werden. Der historische Materialismus von Marx (1818–1883) erklärt das Funktionieren und die Entwicklung der menschlichen Gesellschaft von der materiellen Produktion aus. Marx übernahm von Hegel die Methode der Dialektik und behielt Hegels System als abstraktes Schema bei, setzte aber an die Stelle des „absoluten Geistes" das „Werden der materiellen Welt". Damit stellte er in dem nach ihm benannten **Marxismus** das philosophische System Hegels „vom Kopf auf die Füße". An die Stelle des „göttlichen Absoluten" bei Hegel tritt bei Marx das „materiell-ökonomisch Absolute" des Produktionsprozesses bzw. der Arbeit als die alles begründende Wirklichkeit. Das grundlegende Modell des historischen Materialismus ist das *Basis-Überbau-Schema*, Abb. 2.13:

- Der *Überbau* ist die Überstruktur der Manifestationen des Geistes (moralische, ethische, religiöse, philosophische Theorien), darunter befinden sich die rechtlich-politischen Institutionen, die sich auf den Geist beziehen (Staatsapparat, Bürokratie).
- Die *Basis* bilden die Produktionsverhältnisse, mit denen jede Gesellschaft das eigene materielle Überleben sichert.

Für Marx ist die materiell-ökonomische Basis die tragende Säule einer Gesellschaft, da sie den kollektiven sozialen Produktionsprozess der Gattung Mensch bildet. Die vorherrschenden Ideen in jeder Gesellschaft sind allerdings die der „herrschenden Klasse", welche die Schalthebel der wirtschaftlichen Produktion durch den „Kapitalismus" in der Hand hält. Marx versteht seine Theorie, die er zusammen mit Engels (1820–1895) in seinem Hauptwerk *Das Kapital* entwickelt als „Philosophie des revolutionären Proletariats". Als „Herrschaft beseitigende Lehre" sei der Marxismus die absolut wahre Lehre, die frühere Lehren, Philosophien, Religionen als überholte Ideologien zu durchschauen und zu entlarven vermag. Mit der Weiterentwicklung der Produktivkräfte soll sich das Proletariat emanzipieren und in der letzten Revolution den Kapitalismus beseitigen, um eine „klassenlose Gesellschaft" zu errichten. Als Voraussetzung für eine klassenlose Gesellschaft wird im Marxismus die Beendigung der Ausbeutung des Menschen durch den Menschen, die

Abb. 2.13 Begriffsschema zwischen den marxistischen Begriffen *Basis* (Struktur) und *Überbau* (Überstruktur)

Abschaffung des Privateigentums und die Vergesellschaftung der Produktionsmittel angesehen.

Die Version eines „undogmatischen Marxismus" wird als *Kritische Theorie der Gesellschaft (Frankfurter Schule)* bezeichnet. Sie wurde konzipiert von Horkheimer (1895–1973) und Adorno (1903–1969) als Analyse kapitalistischer Produktionsverhältnisse und zugleich als Theorie der Rationalität überhaupt. Die Kritische Theorie hat nach Horkheimer *die Menschen als die Produzenten ihrer gesamten historischen Lebensformen zum Inhalt*. Für Habermas (* 1929) bilden kommunikative Interaktionen mit rationalen Geltungsgründen die Grundlage der Gesellschaft.

Nach der Dogmatisierung der marxistischen Thesen durch Lenin (1870–1924) übte der *Marxismus-Leninismus* am Anfang des 20. Jh. eine starke ideologische Wirkung aus und wurde nach politischen Umstürzen (z. B. Oktoberrevolution 1918 in Russland) Staatsdoktrin der „Staaten des realen Sozialismus". Allerdings entwickelten sich die (Partei-)Führer der propagierten „klassenlosen Gesellschaft" (z. B. Stalin, Mao) zu Despoten und die so genannten „sozialistischen Parteien" zur neuen willkürlich „herrschenden Klasse" in den sozialistischen Staaten. Ende des 20. Jh. brachen unter Protestbewegungen der Bevölkerungen die vom Marxismus ideologisch begründeten, aber mit staatlichem Absolutismus verbundenen Gesellschaftsmodelle der sozialistischen Staaten zusammen.

2.9 Analytische Philosophie

Unter dem Begriff *Analytische Philosophie* werden zusammenfassend verschiedene philosophische Strömungen bezeichnet, die im ausgehenden 19. Jh. und im 20. Jh. entwickelt wurden, sich von den vorhergehenden Denkschwerpunkten unterscheiden und bis in die Gegenwartsphilosophie reichen.

Comte (1798–1857) begründet den *Positivismus* mit der Ablehnung der Metaphysik: „Anstatt nach letzten Ursachen zu suchen, müsse die Philosophie von Fakten und Gesetzen ausgehen". Nach seiner *Dreistadienlehre* verläuft die Entwicklung der Menschheit in drei Stadien: (1) dem theologischen, (2) dem metaphysischen und (3) dem positivistischen Stadium. Das positivistische Stadium ist das Resultat des fortschrittlichen Denkens. Erst hier hat die Menschheit den religiösen und metaphysischen Aberglauben überwunden und die Stufe der Wissenschaftlichkeit erreicht. Die *wissenschaftlichen Philosophen des Positivismus*, wie Carnap (1891–1970), Wittgenstein (1889–1951) sehen den größten Teil der Philosophie von Platon bis Hegel als „unwissenschaftlich" an. Die exakten Naturwissenschaften sind für sie die Wissenschaften schlechthin. Alle anderen Wissenschaften sollen im Sinne der Methode der exakten Naturwissenschaften auf eine einzige Einheitswissenschaft umgestaltet werden. Grundanliegen ist es, das System der Wissenschaften aus lediglich zwei Elementen zu rekonstruieren:

- empirischen (sinnlichen) Elementarerlebnissen und deren
- formal-logischen Verknüpfungen.

2.9 Analytische Philosophie

Abb. 2.14 Ein Aphorismus zur Bedeutung der Sprache

Die Grenzen meiner Sprache sind die Grenzen meiner Welt

Die unterschiedliche Sichtweise der „Dinge der Welt" durch die verschiedenen philosophischen Ansichten machen die folgenden Stichworte deutlich:

- Die klassische *Philosophie der Metaphysik* fragt nach den Bedingungen des Erkennens der Dinge der Welt: Warum gibt es überhaupt Dinge?
- Die *Transzendentale Philosophie* von Kant behandelt die Strukturen der Vernunft, d. h. den „Erkenntnisapparat des Menschen" zum Erkennen von Dingen.
- Die *Analytische Philosophie* untersucht nicht „Dinge an sich", sondern analysiert die Logik und die Sprache, wie von Dingen gesprochen wird.

Die für die analytische Philosophie grundlegend wichtige *formale Logik* wurde durch Frege (1848–1925) entwickelt. In ihr werden Symbole und Regeln sowie Methoden für die Kombination von Symbolen und Regeln zum Erreichen gültiger Schlussfolgerungen angegeben. Peano (1852–1932) zeigt, dass mathematische Aussagen nicht mit Intuition akzeptiert, sondern aus axiomatischen Prämissen hergeleitet werden müssen.

Mit der *Principia Mathematica*, einem 1913 veröffentlichten dreibändigen Werk über die Grundlagen der Mathematik, unternahmen Whitehead (1861–1947) und Russel (1872–1970) den Versuch, alle mathematischen Wahrheiten aus einem wohldefinierten Satz von Axiomen und Regeln der symbolischen Logik herzuleiten. Russel entwickelte eine „abstrakte Kosmologie", die sich mit den letzten Strukturen der Sprache und der Welt beschäftigt. Das Ziel ist, Sätze dergestalt logisch durchsichtig zu machen, dass sie als Elemente nur das enthalten, womit man unmittelbar Bekanntschaft hat (z. B. Sinneseindrücke oder logische Verknüpfungen). Was nicht „bekannt" ist, kann nicht „benannt" werden.

Aufbauend auf Russels Sprachanalyse baut Wittgenstein (1889–1951) seine *Abbildtheorie* auf. Nach seinem Modell besteht die Welt aus Dingen und deren „Konfigurationen", den *Sachverhalten*. Die Dinge bilden die „Substanz" der Welt, sie sind als solche einfach, unveränderlich und von Sachverhalten unabhängig. Im Sachverhalt sind die Dinge durch eine Relation verknüpft. Die allgemeine Form eines Sachverhaltes ist „aRb", d. h. „a steht in einer Beziehung zu b". Die Relationen zwischen Sachverhalten bilden das logische Gerüst der Welt und damit auch das Gemeinsame von Sprache und Welt. Die bestimmte Sprache, in der wir erfahrend in der Welt sind, bestimmt auch unser Weltbild, Abb. 2.14. Die Grenzen des Beschreibbaren sind die „Grenzen der Welt".

Erkenntnistheorie

Die Philosophie des 20. Jh. hat sich intensiv mit der Frage der *Verifikation* – dem Nachweis der Richtigkeit vermuteter oder behaupteter Sachverhalte – auseinandergesetzt. Dabei wird die Induktion, die Methode, aus beobachteten Einzelphänomenen auf eine allgemeine Erkenntnis zu schließen, als nicht zulässig angesehen. Dies führte dazu, dass die klassische Metaphysik, die behauptet, die Dinge der Welt unabhängig von der Erfahrung erkennen zu können, abgelehnt wird. Der *kritische Rationalismus* vertritt die Auffassung, dass die Philosophie in erster Lilie *Theorie der naturwissenschaftlichen Erkenntnis* zu sein hat.

Popper (1902–1994) entwickelt die Methode der *Falsifikation*, worunter der Nachweis der Ungültigkeit einer Aussage, Methode oder Hypothese verstanden wird. Danach kann eine Hypothese nicht *verifiziert*, wohl aber *falsifiziert* werden. Popper erläutert die Theorie der *Falsifikation* mit einem einfachen Beispiel: Angenommen, die Hypothese lautet: „Alle Schwäne sind weiß", so trägt das Finden zahlreicher weißer Schwäne nur dazu bei, dass die Hypothese beibehalten werden darf. Es bleibt stets die Möglichkeit bestehen, einen andersfarbigen Schwan zu finden. Tritt dieser Fall ein, so ist die Hypothese widerlegt. Solange aber kein andersfarbiger Schwan gefunden wurde, kann die Hypothese weiterhin als nicht widerlegt betrachtet werden.

Die Methode der Falsifikation ist nach Popper ein wichtiges Instrument der *Erkenntnistheorie*. Die physikalische Wirklichkeit existiert unabhängig vom menschlichen Geist, daher kann sie auch nie unmittelbar erfasst werden. Um sie zu erklären, stellen wir plausible Theorien auf, und wenn diese Theorien praktisch erfolgreich sind, wenden wir sie an. Wenn sich eine Theorie als inadäquat erweist, wird nach einer besseren, umfangreicheren Theorie ohne die festgestellten Beschränkungen gesucht. Letztlich kann man Theorien nicht allgemein „beweisen", sie können aber bereits durch eine einzige Gegenbeobachtung (z. B. ein schwarzer Schwan in obigem Beispiel) widerlegt werden. Da sich nach den heutigen Erkenntnissen die Wahrheit eines philosophischen Modells nicht „beweisen" lässt, muss nach Popper das „Streben nach Gewissheit", in dem zahlreiche philosophische Strömungen befangen waren, aufgegeben werden. Eine wissenschaftliche Theorie muss die Möglichkeit einräumen, durch eine Beobachtung widerlegt (falsifiziert) zu werden. Wenn dies von den Vertretern der Theorie nicht zugelassen wird, ist es keine wissenschaftliche Theorie sondern eine „Ideologie".

Erkenntnisgrenzen

Im 20. Jahrhundert wurden zahlreiche Positionen der antiken Philosophie neu durchdacht, wobei Erkenntnisse erweitert aber auch Erkenntnisgrenzen sichtbar wurden. Dies illustrieren die folgenden Beispiele aus den Bereichen der Logik, der Geometrie und ganz allgemein der Mathematik.

Logik Die klassische Logik des Aristoteles postuliert, dass eine Aussage nur entweder wahr oder falsch sein kann. In Weiterentwicklung der aristotelischen Logik schuf Boole (1815–1864) durch Verwendung der Ziffern 1 und 0 für die Begriffe wahr und falsch eine „binäre" Aussagenlogik, die in Computersprachen angewendet wird. Eine Verallgemeinerung der von Aristoteles begründeten Logik schlug Zadeh 1965 mit der „Unscharfen Logik" (*fuz-*

zy logic) vor. Die Unschärfe-Kennzeichnung von Objekten wird graduell über numerische Werte zwischen 0 und 1 angegeben. Damit kann die „Fuzziness" von Angaben wie „ein bisschen", „ziemlich", „stark" oder „sehr" in mathematischen Modellen quasi logisch bewertet werden.

Geometrie Die anschauliche Geometrie der Ebene oder des dreidimensionalen Raumes wird durch die mehr als 2000 Jahre als gültig angesehenen Postulate und Axiome des Euklid (360–280 v. Chr.) beschrieben. Von besonderer Bedeutung für die Geometrie der Ebene ist des fünfte Postulat (Parallelenaxiom): *durch einen außerhalb einer Geraden liegenden Punkt kann zu dieser Geraden nur eine einzige Parallele gezogen werden*. Lobatschewski (1793–1856) und Riemann (1826–1866) entwickelten mathematische Modelle von (unanschaulichen) geometrischen Räumen, in denen das Parallelenaxiom keine Gültigkeit hat.

Riemann ging von einem gegenteiligen Postulat aus: *es ist eine „Ebene" denkbar, in der es keine Parallelen gibt, d. h. zwei Geraden in der Ebene haben stets einen Punkt gemeinsam*. Mit diesem Postulat entwickelte er die „elliptische Geometrie", die eine Welt beschreibt, in der die geometrische Fläche sich krümmt und die Form einer Kugel annimmt. In verallgemeinerter Form bezeichnet man mit *Riemannscher Krümmung* die Krümmung beliebiger Dimensionen. Sie hat eine zentrale Bedeutung in der vierdimensionalen Raumzeit der Relativitätstheorie Einsteins.

Mathematik Die Mathematik ist seit der Antike und Platons Ideenlehre das ideelle Vorbild aller anderen Wirklichkeit. In den 1920er Jahren hatte der Mathematiker David Hilbert (1862–1943) das nach ihm benannte *Hilbertprogramm* vorgeschlagen, das darauf abzielte, die „Widerspruchsfreiheit der Mathematik" nachzuweisen. Das Ziel war, einen streng formalisierten Kalkül mit einfachen, unmittelbar einleuchtenden Axiomen zu finden, um die Mathematik und die Logik auf eine gemeinsame konsistente Basis zu stellen. Damit sollte für jeden mathematischen Satz bewiesen werden können, ob er wahr oder falsch ist. Alle wahren Sätze sollten aus dem neuen Axiomensystem ableitbar sein. Dazu müsste es „widerspruchsfrei" und „vollständig" sein. Während sich für einige Teilbereiche der Mathematik, wie die Zahlenlehre die Widerspruchsfreiheit feststellen ließ (Gentzen, 1936), konnte dies für die gesamte Mathematik nicht gezeigt werden.

Gödel (1906–1978) bewies 1931, dass es in der Mathematik – insbesondere in der Mengenlehre von Cantor (1845–1916) und in der *Principia Mathematika* der Philosophen Whitehead und Russel – widersprüchliche Aussagen gibt. Die Gödelschen Unvollständigkeitssätze beziehen sich auf formale Systeme von Symbolketten und Regeln und lauten:

- Jedes hinreichend mächtige formale System ist widersprüchlich oder unvollständig.
- Jedes hinreichend mächtige formale System kann die eigene Konsistenz nicht beweisen.

Dies bedeutet, dass ein mathematisches System (wie z. B. die Arithmetik) Grundaussagen enthält, die es nicht selbst beweisen kann. Die Mathematik lässt sich nicht durch eine „widerspruchslose Struktur" fassen Damit kann ein Rückbezug auf die Mathematik und die Anwendung mathematischer Analogien nicht die „Wahrheit" philosophischer Aussagen „beweisen".

Drei-Welten-Lehre

Anfang des 20. Jahrhunderts hatte der Philosoph und Mathematiker Frege eine dreiteilige Theorie vorgestellt, in der neben dem Reich der objektiv-wirklichen physischen Gegenstände (1) und dem Reich der subjektiven Vorstellungen (2) noch das Reich der objektiv-nichtwirklichen Gedanken (3) gibt, sie werden vom Bewusstsein erfasst, aber nicht hervorgebracht.

Dreiteilige Modelle wurden in der Philosophiegeschichte mehrmals entwickelt, z. B.:

- in der griechische Antike als *Logos – Psyche – Physis,*
- bei den Römern als *Ratio – Intellectus – Materia,*
- in der Philosophie von Kant als *Außenwelt – Verstand – Vernunft.*

Die *Drei-Welten-Lehre* von Popper ist ein Modell, das die Existenz dreier „Welten" annimmt:

1. die physikalische Welt materieller Objekte, z. B. Berge, Autos, Häuser,
2. die Welt des Bewusstseins, z. B. Gedanken, Gefühle, Empfindungen,
3. die Welt der objektiven Gedankeninhalte, z. B. mathematische Sätze.

Die drei Bereiche sind „interaktiv", ihre wesentlichen Merkmale nennt Abb. 2.15:

- *Welt 1* ist die Gesamtheit materieller Objekte. Sie besteht aus physikalischen Sachverhalten und Materie aller Art – einschließlich von Körper und Gehirn des Menschen – sowie aus allen Gegenständen, Kunstwerken und stofflichen Produkten.
- *Welt 2* umfasst die psychische Disposition und die Gesamtheit der Bewusstseinszustände und Denkprozesse des Menschen. Dies betrifft die Empfindungen des visuellen, akustischen und haptischen Sinns, Seelenzustände, Gedanken, Erinnerungen, Emotionen sowie die menschliche Kreativität.
- *Welt 3* repräsentiert die Erkenntnisse und Erzeugnisse des menschlichen Geistes, die Theorien, Ideen und Ergebnisinhalte. Sie stellen die unpersönliche Welt der intellektuellen Leistungen der Menschheit dar und stehen wie „Gegenstände" zur Verfügung.

In der Drei-Welten-Lehre argumentiert Popper, dass alle drei Welten real seien, da kausale Wechselwirkungen beobachtet werden könnten. Zusammen mit dem Hirnforscher und Nobelpreisträger John Carew Eccles (1903–1997) entwickelte Popper ein einfaches Modell, in dem das „Gehirn mit einem Computer" und das „Ich mit dessen Programmierer" verglichen wurde.

2.9 Analytische Philosophie

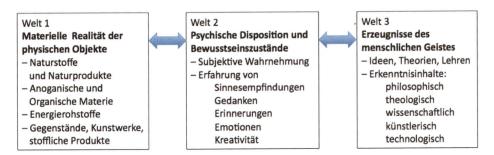

Abb. 2.15 Das Modell der Drei-Welten-Theorie von Popper

Denken basiert aber nach neuen Erkenntnissen der Hirnforschung auf kombinierten elektronischen und chemischen Aktivitäten von Nervenzellen (Neuronen). Unser Gehirn besitzt Milliarden von Neuronen und die Anzahl potentieller Neuronenkombinationen ist größer als die Zahl der Atome im Universum. Die Neuronen sprechen auf bestimmte Merkmale an und synchronisieren in unterschiedlichen zweiseitigen Verbindungen zwischen einzelnen Zellen, die entweder genetisch angelegt sind oder durch einen Lernvorgang ausgebildet werden. Wenn ein bestimmtes Merkmalmuster auftaucht, bildet sich ein *Neuronales Netz* von verschalteten Nervenzellen. Für jedes Merkmalmuster wird ein anderes Neuronenensemble gemeinsam erregt. Die neuronalen Netze bilden die Struktur und die Informationsarchitektur des Gehirns. Sie sind damit die Grundlage für psychische Disposition und Bewusstseinszustände (Welt 2) die nach Popper als Mittler zwischen Welt 3 der Erzeugnisse des menschlichen Geistes, und Welt 1 der materiellen Realität der physischen Objekte auftritt.

Erforschung der Natur

Die Welt der Physik

Die Physik erforscht und beschreibt die Natur und die Naturgesetze.
- Die Physik versucht, Einzelheiten im Naturgeschehen durch Experimente herauszuschälen, objektiv zu beobachten und in ihrer Gesetzmäßigkeit zu verstehen. Sie strebt danach, die Zusammenhänge mathematisch zu formulieren und damit zu Gesetzen zu kommen, die im ganzen Kosmos uneingeschränkt gelten, und es ist ihr schließlich dadurch möglich geworden, die Kräfte der Natur in der Technik unseren Zwecken dienstbar zu machen (Werner Heisenberg).
- Erst die Kenntnis der Naturgesetze erlaubt es uns, aus dem sinnlichen Eindruck auf den zugrunde liegenden Vorgang zu schließen (Albert Einstein).
- Beobachtung, Begründung und Experiment stellen das dar, was wissenschaftliche Methode genannt wird. Das Experiment ist der Prüfstein allen Wissens und der einzige Richter über wissenschaftliche Wahrheit (Richard P. Feynman).

Dabei ist allerdings zu bemerken, dass die Physik „die Natur an sich", d. h. die „unberührte" Natur nicht direkt erkennen kann. *Die physikalische Welt kann vom menschlichen Geist nicht unmittelbar erfasst werden* (Popper). Um Objekte „sehen" zu können, müssen wir mit ihnen in Wechselwirkung treten, indem wir sie mit mechanischen, elektromagnetischen, oder optischen Sonden „berühren", um sie physikalisch wahrzunehmen. Wenn wir makroskopische Gegenstände unserer täglichen Erfahrung beobachten, wird das beobachtete Objekt durch den physikalischen Prozess der Beobachtung praktisch nicht verändert.

Bei den sub-mikroskopischen Bausteinen der Materie und Elementarteilchen kann der Beobachtungsvorgang aber einen „Eingriff" in das Objekt oder eine „Störung" darstellen, so dass man hier nicht mehr von einem normalen Verhalten der Teilchen losgelöst vom Beobachtungsvorgang sprechen kann. Heisenberg sieht das in seinem Buch Das Naturbild der heutigen Physik (1955) folgendermaßen:

- In der Naturwissenschaft ist der Gegenstand der Forschung nicht mehr nur die Natur an sich, sondern die der menschlichen Fragestellung ausgesetzte Natur. Die Naturgesetze, die wir zur Beschreibung der Elementarteilchen der Materie mathematisch formulieren, handeln nicht mehr von den Elementarteilchen, sondern von unserer Kenntnis der Elementarteilchen. Wenn von einem Naturbild der exakten Naturwissenschaft in unserer Zeit gesprochen werden kann, so handelt es sich eigentlich nicht mehr um ein Bild der Natur, sondern um ein Bild unserer Beziehungen zur Natur.

3.1 Dimensionen der Physik

Alle physikalischen Phänomene erfolgen in *Raum* und *Zeit*. Nach unseren heutigen Kenntnissen erstreckt sich der Raum physikalischer Phänomene von den subnanoskopischen Elementarteilchen bis hin zur Kosmologie am „Rand" des Weltalls. Die Zeitskala reicht von der Laufzeit des Lichts durch einen Atomkern (10^{-24} Sekunden) bis zum Alter der Erde von etwa fünf Milliarden Jahre.

Eine Übersicht über Raum und Zeit in der Welt der Physik gibt Tab. 3.1. Die Fragezeichen markieren die Grenzen der heutigen experimentell verifizierbaren Erkenntnismöglichkeiten. Jenseits davon – im Bereich der Fragezeichen – gibt es kein experimentell gesichertes physikalisches Wissen, sondern nur Hypothesen und „Science Fiction".

Tab. 3.1 Übersicht über die Dimensionen von Raum und Zeit

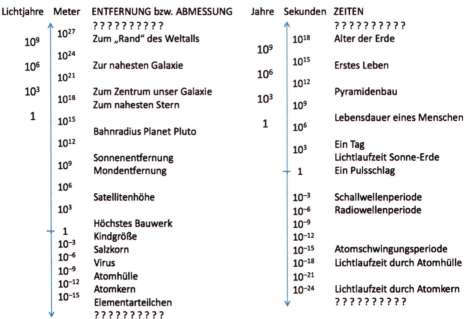

3.2 Physik der Materie

Die Bedeutung der Materie für die Welt der Physik illustriert Feynman in seinen berühmten LECTURES ON PHYSICS mit der Frage: *Wenn in einer Naturkatastrophe alle wissenschaftlichen Kenntnisse zerstört würden und nur ein Satz an die nächste Generation von Lebewesen weitergereicht werden könnte, welche Aussage würde die größte Information in den wenigsten Worten enthalten?* Nach Überzeugung des Physik-Nobelpreisträgers ist dies der Satz: „Alle Dinge sind aus Atomen aufgebaut".

Die **Atomstruktur der Materie** – die etwa 400 v. Chr. von Demokrit postuliert wurde, siehe Abschn. 1.2 – konnte experimentell 1951 von Erwin W. Müller mit dem Feldionenmikroskop „sichtbar" gemacht werden, Abb. 3.1. Die experimentelle Apparatur besteht aus einer Metallspitze (Objekt) in einer edelgasgefüllten, tiefgekühlten Vakuumkammer (zur Reduzierung von Wärmebewegungen der abzubildenden Atome der Metallspitze) und einer elektrischen Hochspannung zwischen dem Objekt und einem Fluoreszenz-Bildschirm. Die Sichtbarmachung der atomaren Struktur erfolgt folgendermaßen: Wenn ein Edelgasatom (Helium oder Neon) auf ein Atom der Metallspitze trifft, wird es elektrisch positiv geladen und im elektrischen Feld der Hochspannung in Richtung Bildschirm beschleunigt, wo es einen Bildpunkt erzeugt. Das Muster, das die Punkte auf dem Bildschirm bilden ist die Zentralprojektion der atomaren Struktur der Metallspitze. Damit wurde es zum ersten Mal möglich, dass Menschen in millionenfacher Vergrößerung Atome „sehen" können.

Die extreme Kleinheit der Atome illustriert der folgende Vergleich, Abb. 3.2: *Vergrößert man einen Apfel auf die Größe der Erde, dann haben die Atome des Apfels etwa die natürliche Größe des Apfels* (Feynman).

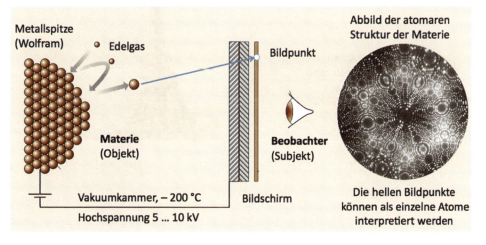

Abb. 3.1 Prinzipdarstellung des Feldionenmikroskops zur Darstellung der atomaren Struktur der Materie

Abb. 3.2 Die Größe eines Atoms verhält sich zur Größe eines Apfels wie die Apfelgröße zur Größe der Erde

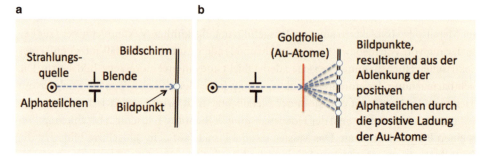

Abb. 3.3 Die experimentelle Anordnung, mit der der Atomkern entdeckt wurde

Abb. 3.4 Ein Vergleich der Größenverhältnisse im Atom mit makroskopischen Größenverhältnissen

Die Entdeckung, dass Atome eine *Atomhülle* und einen *Atomkern* haben ergab sich aus der experimentellen Untersuchung von Atomen mit radioaktiver Strahlung (Ernest Rutherford, 1911). Der experimentelle Aufbau besteht nach der vereinfachten Darstellung von Abb. 3.3a aus einer Strahlungsquelle, die Alphateilchen aussendet, die einen Bildpunkt auf einem Bildschirm erzeugen. Wenn in den Strahlengang eine dünne Goldfolie (Au-Atome)

3.2 Physik der Materie

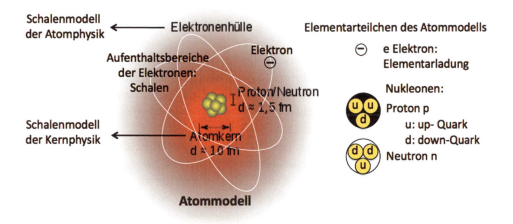

Abb. 3.5 Das Atommodell der Materie

eingebracht wird (Abb. 3.3b), beobachtet man eine Ablenkung des Strahls. Aus dem maximalen Ablenkwinkel kann geschlossen werden, dass die Ablenkung durch die positive Ladungskonzentration im Innern der Au-Atome verursacht wird, die in einem sehr kleinen „Atomkern" konzentriert sein muss, der nur einen Bruchteil der Atomhülle ausmacht.

Das experimentell ermittelte Größenverhältnis der Abmessungen von Atomkern zu Atomhülle ist etwa 1 : 10.000 und entspricht in einem plakativen Vergleich dem Größenverhältnis des Durchmessers eines Golfballs (Atomkern) zur Höhe des Eiffelturms (Atomhülle), Abb. 3.4.

Der Aufbau des Atoms

Ein Atom besteht in vereinfachter Darstellung aus einem *Atomkern* (ø ca. 10 Femtometer) mit Nukleonen (positiv geladenen Protonen p und neutralen Neutronen n), die 99,9 % der Atommasse bilden und einer *Atom- oder Elektronenhülle* (ø ca. 0,1 Nanometer) mit negativ geladenen Elektronen (Träger der elektrischen Elementarladung e). Protonen und Neutronen setzen sich aus up-Quarks u und down-Quarks d zusammen (Proton: $p = 2u + d$, Neutron: $n = 2d + u$). Atome können modellmäßig durch das *Bohrsche Atommodell* („Planetenmodell" mit Elektronen auf diskreten Bahnen um dem Atomkern), Abb. 3.5, und quantenmechanisch durch das *Orbitalmodell* (Elektronen als dreidimensionale Wellen mit Wahrscheinlichkeitsverteilungen für Ort und Impuls) beschrieben werden.

Das *Schalenmodell der Atomphysik* ist eine Erweiterung des Bohrschen Atommodells und eine Vereinfachung des Orbitalmodells: Elektronen „kreisen" um den Atomkern in „Schalen", bezeichnet mit K (max. 2 Elektronen), anschließend L (max. 8 Elektronen), usw. Der Aufenthaltsort der Elektronen wird durch eine Wahrscheinlichkeitsfunktion (Schrödingergleichung) beschrieben. Der Zustand jedes Elektrons wird durch vier Quantenzahlen bestimmt: *Hauptquantenzahl* (bezeichnet die Schale K, L, M, …), *Nebenquantenzahl* (bezeichnet Nebenschalen), magnetische Quantenzahl, Spin-Quantenzahl. Da nach dem Pauli-Prinzip keine zwei Elektronen in allen vier Quantenzahlen übereinstimmen, verteilen sich die Elektronen auf die verschiedenen quantenmechanisch erlaubten Zustände der Haupt- und Nebenschalen. Im neutralen Zustand sind Elektronenladung und Kernladung gleich, elektrisch geladene Atome heißen *Ionen*. Die Struktur der Elektronenhülle bestimmt weitgehend die physikalischen Eigenschaften der Atome. So lässt sich z. B. die „Entstehung von Licht" durch die Emission von Lichtquanten (Photonen) erklären, die durch Quantensprünge von Elektronen zwischen verschiedenen Orbitalen resultieren.

Das *Schalenmodell der Kernphysik* ist ein Modell des Aufbaus von Atomkernen. Es betrachtet die einzelnen Nukleonen und ihre Bewegung nach den Regeln der Quantenmechanik, ähnlich wie die Elektronen in der Atomhülle. Aus der Kernphysik heraus haben sich die Elementarteilchenphysik und die Hochenergiephysik entwickelt. Radioaktivität ist die Eigenschaft instabiler (oder künstlich instabil gemachter) Atomkerne, sich unter Energieabgabe umzuwandeln:

- *Alphastrahlung* ist ionisierende Teilchenstrahlung (Helium-Atomkerne) mit geringer Eindringtiefe in Materie.
- *Betastrahlung* ist ionisierende Strahlung (Elektronen) mit biologischer Wirkung, die von der Strahlungsenergie und Bestrahlungsdauer abhängig ist.
- *Gammastrahlung* ist materiedurchdringende und biologisch schädigende elektromagnetische Strahlung, als Strahlenschutz dient Bleiabschirmung. Anwendung in der Materialprüfung (Durchstrahlungsprüfung) und in der Medizin (Diagnostik, Strahlentherapie).

Die Analyse der atomaren Struktur der Materie zeigt, dass Atome aus drei langzeitstabilen Bestandteilen bestehen: Protonen und Neutronen im Atomkern und Elektronen in der Atomhülle. Subnukleare (instabile) *Elementarteilchen* können mit Teilchenbeschleunigern in Hochenergieexperimenten erzeugt werden. Nach dem Standardmodell der Elementarteilchenphysik unterscheidet man in einer speziellen „Teilchenterminologie" sechs *Quarks*, sechs *Leptonen,* mehrere *Bosonen* (Austauschteilchen) und das sogenannte *Higgs-Boson*. Eine weitere Kennzeichnung der Elementarteilchen wird hier nicht vorgenommen.

> Wenn man über Elementarteichen sprechen will, muss man entweder ein mathematisches Schema als Ergänzung der gewöhnlichen Sprache benutzen oder man muss es kombinieren mit einer Sprache, die sich einer abgeänderten Logik oder überhaupt keiner wohldefinierten Logik bedient (Werner Heisenberg).

Chemische Elemente und Aggregatzustände der Materie

Atomarten mit derselben Kernladungszahl (Ordnungszahl) werden *chemisches Element* genannt. Ein neutrales chemisches Element hat dieselbe Anzahl von Elektronen und Pro-

3.2 Physik der Materie

Wassermolekül mit den Atomen Wasserstoff (H) und Sauerstoff (O), zu beobachten in der Natur in drei Aggregatzuständen:

Wasserdampf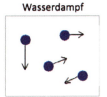

Wasser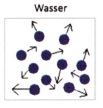

Eis

Abb. 3.6 Illustration der drei Aggregatzustände der Materie am Beispiel des Wassers

tonen. Atome mit gleicher Anzahl vom Protonen aber unterschiedlicher Anzahl von Neutronen heißen Isotope. Atome mit vollständig besetzten Schalen sind Edelgase. Bei den anderen Elementen ist der äußere Bereich der Elektronenhülle (Valenzschale) für die chemischen Bindungen und die Entstehung von Molekülen oder kristallinen Strukturen verantwortlich. Die im Periodensystem geordneten 92 natürlichen chemischen Elemente (leichtestes Element: Wasserstoff H, schwerstes Element Uran, U) bilden die Basis der Chemie. Materie hat drei **Aggregatzustände**: gasförmig, flüssig, fest, ein Beispiel zeigt Abb. 3.6.

Gase sind Substanzen, deren Teilchen sich frei bewegen; sie füllen den ihnen zur Verfügung stehenden Raum völlig aus. Die mikroskopische Bewegungsenergie E der Gasteilchen bestimmt die makroskopische Gastemperatur T gemäß $E = k_B \cdot T$, wobei k_B die Boltzmannkonstante (Naturkonstante) ist.

Die Anzahl der Gasteilchen pro Volumeneinheit eines idealen Gases ist eine physikalische Konstante (*Loschmidtkonstante* N_L). Bezugsgröße für die Stoffmenge ist das *Mol*. 1 mol eines Stoffes enthält ebenso viele Teilchen wie Kohlenstoffatome in 12 Gramm Kohlenstoff ^{12}C enthalten sind. Die Teilchenzahl pro Mol wird *Avogadrokonstante* N_A *genannt*, sie hat die Dimension einer reziproken Stoffmenge und ist eine Naturkonstante.

Flüssigkeiten sind volumenbeständige aber formunbeständige Substanzen, die auf Behälterwände einen hydrostatischen Druck ausüben. Sie werden mikroskopisch aufgrund ihrer ständigen temperaturabhängigen Bewegung (Brownsche Bewegung) mit Mitteln der statistischen Mechanik und makroskopisch durch die Kontinuumsmechanik und Strömungsmechanik beschrieben.

Festkörper besitzen in kristallisierter Form eine regelmäßige Anordnung ihrer atomaren oder molekularen Bestandteile (Fernordnung). Bei amorpher Anordnung bestehen Bindungen nur zwischen den nächsten Nachbarn (Nahordnung). Der Aufbau eines Festkörpers ist durch folgende Merkmale bestimmt:

a) Die chemische Natur seiner atomaren oder molekularen Bausteine
b) Die Art der Bindungskräfte (Bindungsart) zwischen den Atomen bzw. Molekülen
   Die chemischen Bindungen zwischen den Elementarbausteinen fester Körper werden eingeteilt in (starke) Hauptvalenzbindungen (Ionenbindung, Atombindung, metallische Bindung) und (schwache) Nebenvalenzbindungen.

c) Die atomare Struktur, das ist die räumliche Anordnung der Atome bzw. Moleküle zu elementaren kristallinen, molekularen oder amorphen Strukturen, diese bilden bei kristallinen Stoffen Elementarzellen, die als eigentliche Grundbausteine des Stoffs angesehen werden können.

d) Die Kristallite oder Körner, das sind einheitlich aufgebaute Bereiche eines polykristallinen Stoffs, die durch sog. Korngrenzen voneinander getrennt sind.

e) Die Phasen der Werkstoffe, das sind Bereiche miteinheitlicher atomarer Struktur und chemischer Zusammensetzung, die durch Grenzflächen (Phasengrenzen) von ihrer Umgebung abgegrenzt sind.

f) Die Gitterbaufehler, das sind Abweichungen von der idealen Kristallstruktur:
- Punktfehler: Fremdatome, Leerstellen, Zwischengitteratome, Frenkel-Defekte
- Linienfehler: Versetzungen
- Flächenfehler: Stapelfehler, Korngrenzen, Phasengrenzen

g) Die Mikrostruktur oder das Gefüge, das ist der mikroskopische Verbund der Kristallite, Phasen und Gitterbaufehler.

Festkörper und Fluide (zusammenfassender Oberbegriff für Gase und Flüssigkeiten) bilden die stoffliche Basis für die – durch geeignete Verfahrens- und Fertigungstechniken hergestellten – Werkstoffe und Bauteile der Technik.

3.3 Elementarkräfte

Die Frage nach den „Urkräften der Natur" hat Philosophen und Naturforscher seit jeher beschäftigt. Goethe drückt es in seinem Faust bekanntlich so aus, ... *dass ich erkenne, was die Welt in Innersten zusammenhält* ...

Nach dem Stand unseres Wissens gibt es vier Elementarkräfte (elementare Wechselwirkungen), die allen physikalischen Phänomenen der Natur zugrunde liegen. Zwei der Elementarkräfte – die *Gravitation* und die *elektromagnetische Kraft* – haben eine unbegrenzte Reichweite und gelten im ganzen Weltall. Wegen der bis ins Unendliche reichenden Wirkung können sich hier die Elementarkräfte vieler Teilchen zu makroskopisch messbaren Kräften überlagern. Die beiden anderen Elementarkräfte – die schwache und die starke Kraft – haben Reichweiten von 10^{-18} Meter bzw. 10^{-15} Meter. Sie sind damit Elementarkräfte, die nur subatomar wirksam sind und deren Kraftwirkung experimentell nur durch „Teilchensonden" (Streuexperimente) nachgewiesen werden kann. Die Kraftübertragung der Elementarkräfte erfolgt nach den im 20. Jahrhundert entwickelten *Quantenfeldtheorien* durch virtuelle „Austausch- oder Wechselwirkungsteilchen", die für die Elementarkräfte – mit Ausnahme der Gravitation – auch experimentell nachgewiesen wurden.

Gravitation Die Gravitationskraft wirkt zwischen Massen. Sie ist nicht abschirmbar und manifestiert sich in der Planetenbewegung (Kepler-Gesetze) und in der Gewichtskraft (Newton'sches Gravitationsgesetz). Das Gesetz für die Kraft F in Abhängigkeit von der

3.3 Elementarkräfte

Reichweite r zeigt eine Proportionalität von Kraft und Abstandsquadrat ($F \sim r^{-2}$) und bedeutet eine unendliche Reichweite für die Kraftwirkung. Durch die von Einstein formulierte Relativitätstheorie erhielt das Newton'sche Gravitationsgesetz einen erweiterten Rahmen, der die Dimensionen des Weltalls und Geschwindigkeiten nahe der Lichtgeschwindigkeit umfasst. Die Gravitation wird dabei durch eine „Krümmung von Raum und Zeit" erklärt, die unter anderem durch die beteiligten Massen verursacht wird.

Elektromagnetische Kraft Sie wirkt zwischen elektrischen Ladungen und ist 10^{36} mal stärker als die Gravitation. Die elektromagnetische Kraft ist abschirmbar, eliminierbar (Kompensation von positiven und negativen Ladungen) und maßgebend für kondensierte Materie, Elementarprozesse der Elektrotechnik und Elektronik sowie für chemische und biologische Prozesse. Das Kraftgesetz (Coulomb-Gesetz) zeigt, wie bei der Gravitation, die Abstandsabhängigkeit der Kraft $F \sim r^{-2}$ mit ebenfalls unendlicher Reichweite. Die in den 1940er Jahren entwickelte und experimentell bestätigte Quantenelektrodynamik (QED) besagt, dass die Kraft zwischen elektrisch geladenen Teilchen von Photonen (Lichtquanten) übertragen wird, die von einem Kommunikationspartner ausgesandt und von einem anderen Partner wieder absorbiert werden.

Die schwache Kraft Die schwache Wechselwirkung ist maßgebend bei Umwandlungen von Elementarteilchen, z. B. beim β-Zerfall, bei dem ein Neutron ein Elektron emittiert und sich in ein Proton verwandelt. Die Reichweite der schwachen Wechselwirkung ist mit 10^{-18} m extrem gering.

Die schwache Wechselwirkung spielt eine wichtige Rolle bei den Fusionsreaktionen der für uns existentiell wichtigen Sonnenenergie. Dabei fusionieren in einer wichtigen Teilreaktion zwei Wasserstoffkerne zu einem Deuteriumkern, indem sich ein Proton in ein Neutron umwandelt.

Die mathematische Erfassung der schwachen Wechselwirkung gelang in den 1960er Jahren mit der „elektroschwachen Theorie", die gleichzeitig auch die elektromagnetische Kraft beschreibt. Die Theorie postuliert, dass die schwache Kraft von drei „Austauschteilchen" (*Z-Boson, W^+-Boson, W^--Boson*) übertragen wird, 1983 am europäischen Forschungszentrum CERN erzeugt werden konnten, wofür 1984 der Nobelpreis für Physik verliehen wurde.

Die starke Kraft Diese – auch *starke Wechselwirkung* oder *Gluonenkraft* genannte – Elementarkraft ist verantwortlich für die außerordentlich großen Bindungskräfte zwischen den Teilchen im Atomkern (Protonen, Neutronen). Die Reichweite der Kernkräfte ist von der Größenordnung des Kernradius. Die seit den 1960er Jahren entwickelte *Quantenchromodynamik* (QCD) besagt, durch experimentelle Ergebnisse belegt, dass die kleinsten Bausteine der Materie, die Quarks, durch „Gluonen" als Austauschteilchen zusammen gehalten werden. Dabei nimmt die Anziehungskraft zwischen Quarks mit steigendem Abstand zu (wie bei einem Gummiband). Die starke Kraft ist die Grundlage der Kernenergie und damit auch Ursache der Strahlungsenergie der Sonne.

Die in kurzer Form dargestellte Übersicht über die vier „Elementarkräfte der Natur" ist heute gesichertes physikalisches Wissen. Die offene Frage nach dem „Ursprung der Elementarkräfte" ist Gegenstand der *Kosmologie*. Nach dem *Standardmodell der Kosmologie* beginnt das Universum mit dem „Urknall" (Big Bang). Damit wird die gemeinsame Entstehung von Materie, Raum und Zeit aus einer ursprünglichen Singularität bezeichnet.

- Da physikalische Theorien die Existenz von Raum, Zeit und Materie voraussetzen, lässt sich der Urknall durch die Methodik der Physik nicht beschreiben: die Frage nach der Ursache der Entstehung des Universums kann von der Physik nicht beantwortet werden.

Es wird angenommen, dass unser Universum vor 13,7 Milliarden Jahren entstand und dass eine einzige „Urkraft" das Geschehen beherrschte. Im Lauf der Ausdehnung des Kosmos soll sich eine Elementarkraft nach der anderen abgespalten haben, bis die sich die uns heute bekannten Kräfte herausgebildet hatten. Die PTB-Publikation *Maßstäbe* (Mai 2011) beschreibt die Entstehung der Elementarkräfte im Urknall wie folgt: *Die Gravitation verließ den Verbund als erstes, kaum dass die Expansion des Universums begann. 10^{-37} Sekunden nach dem Urknall, als sich die Temperatur auf 10^{27} Kelvin abgekühlt hatte, folgte die starke Kraft. und 10^{-12} Sekunden nach dem Urknall, bei einer Temperatur von 10^{16} Kelvin, spaltete sich die elektroschwache Kraft in die schwache und die elektromagnetische Kraft auf. Der Zerfall der Urkraft in die vier bekannten Grundkräfte war vollzogen.*

3.4 Messen in Physik und Technik

Die Physik erforscht die Natur durch Beobachtungen und Experimente, d. h. methodische Untersuchungen zur Gewinnung qualitativer und quantitativer Informationen.

- *Messtechnik* bezeichnet die Gesamtheit der Verfahren und Geräte zur experimentellen Bestimmung und Verarbeitung *zahlenmäßig erfassbarer Größen* in Wissenschaft und Technik (DIN 1319).
- *Metrologie* ist die Wissenschaft des Messens.

Eine *Messung* ist die Ermittlung numerischer Werte (Messwerte) einer physikalischen Größe (Messgröße). Messwerte werden dargestellt als Produkt aus Zahl und physikalischer Einheit (z. B. Messwert 20 °C der Messgröße Temperatur). Die grundlegenden physikalischen Einheiten sind im Internationalen Einheitensystem definiert (siehe Abschn. 3.5).

Um eine physikalische Größe (Messgröße) messen zu können, sind eine Vergleichsgröße, ein Messprinzip, ein Messverfahren, eine Messmethode und ein Messgerät erforderlich. Messgeräte müssen justiert, kalibriert und falls erforderlich behördlich geeicht sein.

3.4 Messen in Physik und Technik

Die Durchführung einer Messung erfordert damit die folgenden Schritte:

1. Definition der Messgröße und der zur Messgröße gehörenden Maßeinheit,
2. Zusammenstellung der Rahmenbedingungen der Messung durch Kennzeichnung von (a) Messobjekt (Stoff, Form), (b) Einflussgrößen (Ort, Zeit), (c) Umgebungsbedingungen (z. B. Umgebungstemperatur, Luftfeuchte),
3. ein Normal (Maßverkörperung) für die Maßeinheit der Messgröße und der Bezug (traceability) auf eine normierte Basiseinheit (Einheitensystem) oder eine davon abgeleitete Größe,
4. ein *Messprinzip* als physikalische Grundlage der Messung, eine *Messmethode* als methodische Anwendung und ein *Messverfahren* als praktische Realisierung eines Messprinzips,
5. ein *Messgerät*, für das der Zusammenhang zwischen der Anzeige und dem wahren Wert der Messgröße durch *Kalibrieren* des Messgerätes mit dem Normal hergestellt wird,
6. Festlegung des Messablaufs, z. Einzelmessung, Wiederholmessung, Messreihe,
7. Ermittlung des Messergebnisses als Einzelmesswert oder arithmetischer Mittelwert einer Messreihe, Angabe als Produkt aus Zahlenwert und Maßeinheit,
8. Bestimmung der *Messunsicherheit*,
9. Angabe des vollständigen Messergebnisses: Zahlenwert ± Messunsicherheit und Maßeinheit.

Die Graphik von Abb. 3.7 zeigt den Ablaufplan für eine Messung. Die anschließenden Abschnitte beschreiben die Bestimmung und Darstellung von Messunsicherheit und Messgenauigkeit.

Messunsicherheit und Messgenauigkeit

Ein Messergebnis ist nur dann vollständig, wenn es eine Angabe über Messabweichungen enthält – traditionell als *Messunsicherheit* bezeichnet. Hierunter versteht man den Bereich der Werte, die der Messgröße vernünftigerweise zugeordnet werden können, da jede Messung von Unsicherheitsquellen beeinflusst wird. Grundlage zur Ermittlung der Messunsicherheit ist der *International Guide to the Expression of Uncertainty in Measurement GUM* (www.bipm.org).

Man unterscheidet zwei Methoden zur Bestimmung der Messunsicherheit, Abb. 3.8.

Die Typ A Auswertung ist die statistische Auswertung von Messungen. Sie bezieht sich auf eine durch eine definierte Probennahme *(sampling)* genau zu kennzeichnende „Stichprobe", d. h. eine Messreihe mit n voneinander unabhängigen Einzelmesswerten x_i. Kenngrößen sind der *arithmetischen Mittelwert* und die *Standardweichung* s, die als *Standardmessunsicherheit* u = s das Maß für die Streuung der Einzelmesswerte um den Mittelwert ist. Die erweiterte Messunsicherheit $U = k \cdot s$ kennzeichnet mit dem Wert 2 U das Streuintervall der Messwerte bezogen auf die Häufigkeitsverteilung der Einzelmesswerte (z. B.

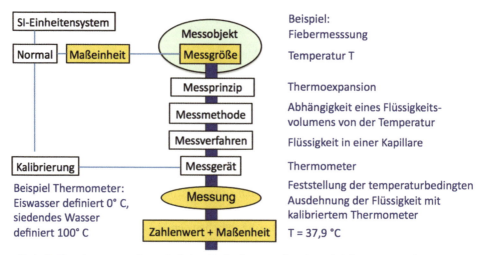

Abb. 3.7 Metrologischer Ablaufplan einer Messung

Normalverteilung nach Gauß). Im Intervall ±s liegen 68,3 % der Messwerte, im Intervall ±2 s liegen 95,5 % der Messwerte und im Intervall ±3 s liegen 99,7 % der Messwerte.

Die Typ B Auswertung betrachtet die *Fehlerspannweite* und wird beispielsweise bei der Kennzeichnung der Genauigkeitsklasse von Messgeräten verwendet.

Neben den durch eine statistische Auswertung zu erfassenden Messabweichungen können „systematische Messabweichungen" auftreten. Sie sind häufig vorzeichenbehaftet und können dann korrigiert werden.

Genauigkeit von Messungen: Präzision und Richtigkeit

Mit dem Begriff *Genauigkeit* wird in der Messtechnik die Kombination von *Präzision* und *Richtigkeit bezeichnet*.

- Präzision: Ausmaß der Übereinstimmung zwischen den Ergebnissen unabhängiger Messungen
- Richtigkeit: Ausmaß der Übereinstimmung des Mittelwertes von Messwerten mit dem wahren Wert der Messgröße

3.4 Messen in Physik und Technik

Typ A Auswertung: Statistische Auswertung

- Messreihe mit Messwerten x_i: $x_1, x_2, ..., x_n$
- arithmetischer Mittelwert $\bar{x} = \frac{1}{n}\sum_{i=1}^{n} x_i$
- Abweichung eines einzelnen Messwerts vom Mittelwert: $x_i - \bar{x}$
- Standardabweichung $s = \sqrt{\frac{1}{n-1}\sum_{i=1}^{n}(x_i - \bar{x})^2}$
- Standardmessunsicherheit: $u = s$
- erweiterte Messunsicherheit: $U = k \cdot s$

Typ B Auswertung: Fehlerspannweite

Bei Kenntnis der *Fehlerspannweite* 2Δ (Maximalwert minus Minimalwert einer Messgröße) kann unter der Annahme einer Wahrscheinlichkeitsverteilung die Standardmessunsicherheit u abgeschätzt werden.

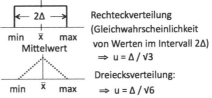

Rechteckverteilung (Gleichwahrscheinlichkeit von Werten im Intervall 2Δ)
$\Rightarrow u = \Delta / \sqrt{3}$

Dreiecksverteilung:
$\Rightarrow u = \Delta / \sqrt{6}$

Beispiel: in der instrumentellen Messtechnik wird die Fehlerspannweite am Messbereichsendwert zur Kennzeichnung der Genauigkeitsklasse von Messgeräten verwendet.

Abb. 3.8 Übersicht über die Methodik der Bestimmung der Messunsicherheit

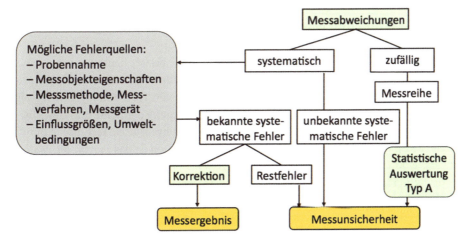

Abb. 3.9 Übersicht über mögliche Fehlerquellen von Messabweichungen

Zur zusammenfassenden Beurteilung, ob die Messungen einer Messreihe präzise und richtig sind, dient das anschauliche Zielscheibenmodell, dessen Zentrum den „wahren Wert" markiert, Abb. 3.10.

Messtechnisch anzustreben ist der Fall (a), der durch eine kleine Messunsicherheit und keine systematischen Messabweichungen gekennzeichnet ist, während der Fall (d) sowohl unpräzise als auch falsch ist. Eine messtechnische Problematik stellen Messergebnisse dar, die zwar eine hohe Präzision aber (möglicherweise unerkannte) systematische Fehler aufweisen, wie Fall (c).

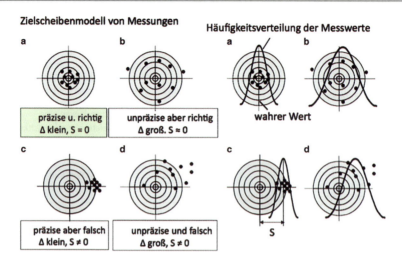

Abb. 3.10 Zielscheibenmodell zur Illustration von Präzision und Richtigkeit von Messungen

3.5 Maßsystem und Naturkonstanten

Die quantitative Darstellung physikalischer Erkenntnisse basiert heute auf dem weltweit eingeführten „Internationalen Einheitensystem", dem *Systeme International d'Unites (SI)*. Es wurde durch den Staatsvertrag der Meterkonvention von 1875 und die *Generalkonferenz für Maß und Gewicht (CGPM)* begründet. Die Festlegung der Maße und Gewichte ist ein hoheitliches Recht; zuständig in Deutschland ist die Physikalisch-Technische Bundesanstalt (PTB). Internationales Zentrum für die Maßeinheiten ist das *Bureau International des Poids et Measure, BIPM* in Sevres bei Paris (www.bipm.org).

Als *Basisgrößen und Basiseinheiten* sind im Internationalen Einheitensystem sieben physikalische Größen festgelegt. Die folgende Übersicht nennt Stichworte ihrer Realisierung zusammen mit Messunsicherheiten gemäß CODATA (*Committee on Data for Science and Technology*):

Zeit: Sekunde (s), Mehrfaches der Periodendauer elektromagnetischer Strahlung bei einem elektronischen Übergang im Nuklid ^{133}Cs; technisch realisiert als „Atomuhr", Messunsicherheit 10^{-15}, d. h. Abweichung von einer Sekunde in 20 Millionen Jahren.

Länge: Meter (m), definiert über Lichtgeschwindigkeit c (Naturkonstante) und Zeit gemäß Länge = c · Zeit. Messunsicherheit 10^{-12}.

Masse: Kilogramm (kg), Internationaler Platin-Iridium Prototyp, aufbewahrt beim BIPM, Messunsicherheit 2×10^{-8}.

Stoffmenge: Mol (mol), definiert über die Teilchenzahl (^{12}C in 12 Gramm), Messunsicherheit 2×10^{-8}.

3.5 Maßsystem und Naturkonstanten

Temperatur: Kelvin (K), Tripelpunkt des Wassers (0 K entspricht − 273,16 °C), Messunsicherheit 3×10^{-7}.

Lichtstärke: Candela (cd), definiert über monochromatische Strahlung (540×10^{12} Hz), Messunsicherheit 10^{-4}.

Stromstärke: Ampere (A), definiert über Kraftwirkung zwischen elektrischen Leitern, Messunsicherheit 9×10^{-8}.

Unter Benutzung physikalischer Gesetze lassen sich zahlreiche technische Größen auf SI-Basiseinheiten zurückführen, z. B.

- Kraft = Masse · Beschleunigung: 1 Newton (N) = m · kg · s^{-2},
- Arbeit = Kraft · Weg = 1 Joule (J) = N · m.

Rückführung der Maßeinheiten auf Naturkonstanten

Es ist ein grundlegendes Bestreben der Physik, die Basiseinheiten des physikalischen Maßsystems auf *Naturkonstanten* zurückzuführen. Damit werden physikalische Größen bezeichnet, deren numerischer Wert sich weder räumlich noch zeitlich verändert. Als Ergebnis sorgfältiger Beobachtungen und Messungen sind heute zahlreiche Naturkonstanten bekannt. Diese physikalischen Daten werden alle vier Jahre von CODATA (*Committee on Data for Science and Technology*, www.codata.org) veröffentlicht.

Zu den wichtigsten Naturkonstanten, die für die verschiedenen Bereichen der Physik von grundlegender Bedeutung sind, gehören die Gravitationskonstante G, die Elementarladung e, das Planck'sche Wirkungsquantum h und die Lichtgeschwindigkeit c, das ist die nach heutiger Kenntnis maximale Geschwindigkeit, mit der sich Masse bewegen kann und Energie und Information übertragen werden können, Abb. 3.11.

Von den sieben Basisgrößen des SI-Systems sind gegenwärtig nur drei Basisgrößen durch Naturkonstanten definiert, nämlich die Sekunde (Caesiumatomzustände, „Atomuhr"), das Meter (Lichtgeschwindigkeit) und die Lichtstärke cd (Referenzstrahlung). Für die Neufassung des Internationalen SI-Einheitensystems ist gemäß der SI-Broschüre von 2010 vorgesehen auch die anderen vier anderen Basisgrößen neu zu definieren. An der technisch-experimentellen Realisierung wird mit höchster Präzisionsmesstechnik in metrologischen Staatsinstituten (USA: NIST, England: NPL, Deutschland: PTB) gearbeitet.

- Neudefinition des *Kilogramms* kg als Einheit der Masse basierend auf dem exakten Zahlenwert des Planck'schen Wirkungsquantum h. Das Kilogramm kann dann definiert werden als die Masse eines Körpers, der bei Vergleich von mechanischer und elektrischer Leistung (experimentell realisiert in einer *Watt-Waage*) den Wert h ergibt. Eine alternative Methode, die an der PTB erarbeitet wird, besteht in der Bestimmung der Zahl der Atome im exakt bestimmten Volumen einer Silizium-Kugel, was heute mit einer relativen Unsicherheit von 3×10^{-8} möglich ist; 1 kg ist gleich der Masse von $2{,}1502\ldots \times 10^{25}$ Atomen des Silizium-Isotops ^{28}Si.

- **Gravitationskonstante G**: Maß für die abstandsabhängige Anziehungskraft zwischen zwei Massen

- **Elementarladung e:** Maß für die elementare Kraftwirkung im elektrischen Feld

Kraft $F = G \dfrac{m_1 \cdot m_2}{r^2}$

Kraft F = Feldstärke $\cdot$ e

- **Plancksches Wirkungsquantum h:** Maß für die frequenzproportionale Energie eines Photons (Lichtquant)

- **Lichtgeschwindigkeit c:** Maß für die Ausbreitung elektromagnetischer Wellen im Vakuum

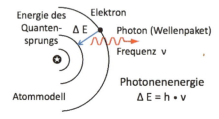

Photonenenergie
$\Delta E = h \cdot \nu$

l: Abstand Sender-Empfänger, t: Laufzeit

Lichtgeschwindigkeit
$c = l/t = \lambda \cdot \nu = 299.792.458$ m/s
gerundet: $c \approx 300.000$ km/s

Abb. 3.11 Illustration einiger Naturkonstanten

- Neudefinition des *Ampere* A als Einheit der elektrischen Stromstärke, basierend auf einem festen Wert der Elementarladung e. Das Ampere ist der elektrische Strom eines Flusses von Elementarladungen, die pro Sekunde in einer elektronischen *Einzelelektronen-Pumpe* gezählt werden; $6{,}2415\ldots \times 10^{18}$ Elektronen pro Sekunde ergeben 1 Ampere.
- Neudefinition des *Kelvin* K als thermodynamisch begründete Temperatur T, basierend auf der Boltzmann-Konstanten k_B. Ein Kelvin ist die Änderung der Temperatur, die gemäß der Relation $E = k_B \cdot T$ in einem Gasthermometer eine Änderung der thermischen Energie E um den Wert der Boltzmann-Konstanten bewirkt.
- Neudefinition des *Mol* als Stoffmengeneinheit, basierend auf der Avogadrokonstanten N_A, sie hat die Dimension einer reziproken Stoffmenge und ist eine Naturkonstante.

Mit der Neudefinition des Internationalen Einheitensystems werden die Grundlagen für die Maße der Physik insgesamt auf Naturkonstanten zurückgeführt, Abb. 3.12. Damit bestimmen Naturgesetze das Maßsystem der Physik und die daraus abgeleiteten Maße der Technik.

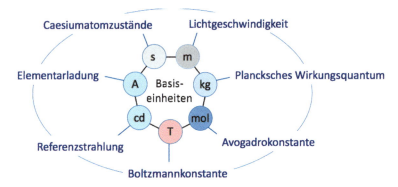

Abb. 3.12 Die Basiseinheiten des neuen Internationalen Einheitensystems und die zugehörigen Naturkonstanten

3.6 Physikalische Beobachtungen

Seit Beginn der Neuzeit wurden von zahlreichen Naturforschern wichtige physikalische Beobachtungen gemacht, die im Folgenden stichwortartig in ausgewählten Beispielen in etwa chronologischer Abfolge aufgeführt sind. Sie bilden Bausteine für das *Weltbild der Physik*.

Astronomische Phänomene

- Nikolaus Kopernikus beschreibt *das heliozentrische Weltbild* in seinem Werk *Von den Umdrehungen der Himmelskörper* (1541).
- Durch astronomische Beobachtungen einer Supernova im Sternbild Kassiopeia widerlegt Tycho de Brahe die aristotelische Annahme der unveränderlichen Himmelssphäre (1572).
- Ausgehend von den präzisen Himmelsbeobachtungen von Tycho de Brahe formuliert Johannes Kepler das mathematisches Gesetz, dass sich Planeten auf elliptischen Bahnen bewegen, in deren einem Brennpunkt die Sonne steht (1605).
- Erdatmosphäre und Vakuum werden von Otto von Guericke entdeckt und die Wirkung des Luftdrucks mit den (luftleer gepumpten) *Magdeburger Halbkugeln* demonstriert (1654).
- Die Erdrotation wird von Foucault mit einem Pendel (28 kg Masse, 67 m Länge, Pantheon in Paris) nachgewiesen (1851).
- George Gamow entwickelt die Theorie des *Urknalls* als Standardmodell der Kosmologie zur Erklärung des Beginns des Universums (1948).

Optische Phänomene

- Snellius formuliert das optische Brechungsgesetz: Richtungsänderung eines Lichtstrahls beim Übergang in ein anderes Medium (1620).
- Pierre de Fermat stellt das nach ihm benannte Extremalprinzip der Optik auf, aus dem sich das Reflexionsgesetz und das Brechungsgesetz ableiten lassen (1657).
- Isaac Newton demonstriert die spektrale Zerlegung des Sonnenlichts, entwickelt die Farbenlehre und begründet die Korpuskulartheorie des Lichts (1672).
- Christian Huygens entwickelt die Wellentheorie des Lichts; nach dem nach ihm benannten Prinzip kann jeder Punkt einer Wellenfront als Ausgangspunkt einer neuen Welle angesehen werden (1673).
- Thomas Young beschreibt die Überlagerung von Wellenzügen (Interferenz) und entwickelt die Dreifarbentheorie der Farbempfindung (1802).
- Die Lichtgeschwindigkeit wird von Fizeau mit einem Wert von 298.000 km/s (Zahnradmethode, 9 m Messstrecke) bestimmt (1848).
- Albert Einstein erklärt mit der Lichtquantenhypothese die „Entstehung von Licht" durch die Emission von Photonen (Lichtquanten) infolge von Quantensprüngen in Atomen (1905) und postuliert 1916 die stimulierte Emission von Licht als theoretische Grundlage für die ab 1960 realisierten LASER (*Light Amplification by Stimulated Emission of Radiation*).

Mechanische Phänomene

- Galilei führt Bewegungsexperimente auf der schiefen Ebene aus, entdeckt die Fallgesetze der Mechanik und begründet die Elastizitätstheorie durch Verformungsexperimente an einem Balken (Hauptwerk *Discorsi* 1638).
- Isaac Newton stellt das Gravitationsgesetz auf (1666) und formuliert die klassische Mechanik mit den drei Newton'schen Axiomen: 1. *Trägheitsprinzip,* 2. Aktionsprinzip, 3. Reaktionsprinzip
- Die Gravitationskonstante wird von Cavendish mit einer Drehwaage bestimmt (1798).
- Die Elastizität von Festkörpern wird nach Robert Hooke durch einen linearen Zusammenhang zwischen Kraft und Federdehnung beschrieben (1678).
- Für Gase gilt nach Thomas Boyle die allgemeine Gasgleichung (ideales Gas) in der Form *Druck × Volumen = Stoffmenge × Gaskonstante × Temperatur* (1662).
- Für die Strömungsmechanik von Fluiden (Gase und Flüssigkeiten) entdeckt Bernoulli den Zusammenhang zwischen der Fließgeschwindigkeit und Druck (1738).
- Chladni bestimmt die Schallgeschwindigkeit in Flüssigkeiten und Festkörpern (1796).
- Mach erforscht den *Überschallknall*, der bei Fluggeschwindigkeiten auftritt, die größer als die Schallgeschwindigkeit (340,3 m/s) sind (1887).
- Einstein erweitert die klassische Betrachtung von Raum und Zeit durch die spezielle Relativitätstheorie (1905).

Thermische Phänomene

- Zur Bestimmung der Temperatur erfindet Galilei das Thermoskop eine Vorform des Thermometers (1592). Celsius schlägt eine 100teilige Thermometereinteilung vor (1742).
- Benjamin Thompson, Graf von Rumford bestimmt das mechanische Wärmeäquivalent und erkennt die Nichtstofflichkeit der Wärme: Wärme ist eine Form der Bewegung kleinster Teilchen (1798).
- Der Energieerhaltungssatz für Wärmevorgänge (1. Hauptsatz der Thermodynamik) wird von Mayer formuliert und von Joule und Helmholtz bestätigt (1842): *die Gesamtenergie bleibt bei Umwandlungsprozessen Wärmeenergie ↔ mechanische Energie konstant.*
- Der 2. Hauptsatz der Wärmelehre wird von Clausius aufgestellt: *Wärme geht von selbst immer nur von einem wärmeren Körper auf einen kälteren Körper über, nie umgekehrt.* Folgerung aus dem 1. und 2. Hauptsatz: ein *Perpetuum Mobile* ist unmöglich (1850).
- Sadi Carnot begründet mit Betrachtungen der Dampfmaschine die Thermodynamik; der Carnotsche Kreisprozess zeigt den größten thermischen Wirkungsgrad (1824).

Elektromagnetische Phänomene

- Basis der Elektrostatik ist das nach Coulomb benannte Gesetz über die Kräfte zwischen elektrischen Ladungen (1785).
- Die erste elektrochemische Spannungsquelle wird von Volta realisiert (1799).
- Ørsted entdeckt die magnetische Wirkung des elektrischen Stromes (Elektromagnetismus) und erfindet das Messgerät zur Strommessung (1820).
- Ampère stellt eine Theorie der Wechselwirkungen stromdurchflossener Leiter auf und erklärt den Magnetismus durch „ampèresche" Molekularströme (1821).
- Becquerel entdeckt die *Piezoelektrizität*, das Auftreten elektrischer Ladungen bei einer Krafteinwirkung auf bestimmte Kristalle (*direkter Piezoeffekt*), der *indirekte Piezoeffekt* ist die Formänderung beim Anlegen einer elektrischen Hochspannung (1819).
- Seebeck entdeckt die *Thermoelektrizität*, die umkehrbare Wechselwirkung von Temperatur und Elektrizität (1821).
- Ohm formuliert das nach ihm benannte Gesetz: *Elektrische Spannung U = elektrischer Widerstand R · elektrische Stromstärke I* (1826).
- Faraday entdeckt elektromagnetische Induktion und magnetische Feldlinien (1831).
- Joule misst die Wärmewirkung des elektrischen Stroms (1842).
- Kirchhoff formuliert die Kirchhoffschen Regeln zur Beschreibung des Zusammenhangs zwischen mehreren elektrischen Strömen und zwischen mehreren elektrischen Spannungen in elektrischen Netzwerken (1845).
- Der Elektromagnetismus kann durch die von Maxwell formulierten Gleichungen in mathematischer Form ausgedrückt werden, Die Maxwell-Gleichungen beschreiben den

Zusammenhang von elektrischen und magnetischen Feldern mit elektrischen Ladungen und elektrischem Strom unter gegebenen Randbedingungen (1865).
- Als Lorentzkraft wird die Kraft bezeichnet, die ein magnetische oder elektrisches Feld auf eine bewegte elektrische Ladung ausüben, sie ist Grundlage der Elektrodynamik (1895).
- Heinrich Hertz weist nach, dass sich Radiowellen mit Lichtgeschwindigkeit bewegen und begründet die Darstellung der Gesamtheit elektromagnetischer Wellen (Radiowellen, Licht, Röntgenstrahlung) als *elektromagnetisches Spektrum* (1894).
- Drude weist in der Elektronentheorie der Metalle nach, dass Strom in Metallen auf gerichtet bewegten Elektronen beruht (1900).
- Der Transistor, das fundamentale Bauelement der Elektronik zum Schalten und Verstärken von elektrische Signalen, wird von Bardeen, Brattain und Shockley entwickelt (1948).

Quantenphysikalische Phänomene

- Max Planck begründet die Quantentheorie zur Beschreibung der physikalischen Phänomene der Atomphysik, der Festkörperphysik und der Kern- und Elementarteilchenphysik (1900).
- Nils Bohr entwickelt das *Bohrsche Atommodell*, das Elemente der Quantenmechanik enthält (1913).
- Die Energiequantelung in der Atomhülle wird durch den Franck-Hertz-Versuch experimentell bestätigt (1913).
- Louis de Broglie postulierte den experimentell nachgewiesenen *Welle-Teilchen-Dualismus*: Objekte aus der Quantenwelt lassen sich sowohl als Teilchen (Korpuskel) als auch als Welle beschreiben (1924).
- Wolfgang Pauli formuliert das für den Aufbau der Atomhüllen fundamentale *Pauli-Prinzip* (1925).
- Für die Darstellung der Quantentheorie in mathematischer Form entwickelt Werner Heisenberg die Matrizenmechanik (1926) und Erwin Schrödinger die Wellenmechanik (1927). John von Neumann weist die mathematische Äquivalenz beider Theorien nach (1944).
- Heisenberg formuliert die *Unschärferelation* als Aussage der Quantenphysik, dass zwei messbare Größen (Observable) eines Teilchens (z. B. Ort und Impuls) nicht gleichzeitig beliebig genau bestimmbar sind (1927).
- Das Grundmodell der Kernphysik wird formuliert: *Atomkerne bestehen aus Protonen und Neutronen* (Heisenberg 1932).
- Maria Göppert-Mayer entwickelt das Schalenmodell des Atomkerns (1949).
- Die erste *Kernspaltung* (bei der Bestrahlung von Uran mit Neutronen entstehen Spaltprodukte, z. B. Barium) wird von Hahn und Strassmann durchgeführt (1938).

- Die *Kernfusion*, das Verschmelzen von Atomkernen unter Energiefreisetzung als Ursache für die Strahlungsenergie der Sonne wird durch den Bethe-Weizsäcker-Zyklus (Kohlenstoff-Stickstoff-Zyklus) erklärt (1938).
- Robert Hofstadter entdeckt anhand der Streuung hochenergetischer Elektronen an leichten Atomkernen die Existenz innerer Strukturen in Proton und Neutron (1961).
- Das Quark-Modell zur Beschreibung des inneren Aufbaus der Nukleonen des Atomkerns wird von Gell-Mann postuliert (1963) und experimentell durch Streuung von Elektronen an Protonen und Neutronen bestätigt (1970).

3.7 Entwicklung und Aufbau der Physik

Für die Beschreibung physikalischer Phänomene wurden einige elementare Begriffe geprägt. Die Begriffe der Physik für physikalische Objekte haben allerdings eine gewisse „Unschärfe" und können nicht so „scharf" definiert werden, wie die Begriffe der Mathematik für abstrakte Objekte. Die folgenden Begriffe haben eine zentrale Bedeutung in der Physik:

- *Teilchen* sind Objekte, die klein gegenüber dem Maßstab des betrachteten Systems sind.
- *Wellen* sind zeitperiodische Vorgänge, die sich – als mechanische Wellen in Medien oder als elektromagnetische Wellen im Vakuum – räumlich ausbreiten und Energie oder Information transportieren können. Wellenpakete können als *Quanten* Teilcheneigenschaften zugeschrieben werden (*Welle-Teilchen-Dualismus*). Materiewellen kennzeichnen die Aufenthaltswahrscheinlichkeit sich bewegender Teilchen im Raum.
- *Felder* beschreiben die räumliche Verteilung einer physikalischen Größe im Raum. Sie können selbst als physikalische Objekte angesehen werden und besitzen Impuls und Energie (Feldenergie).
- *Körper* sind Objekte, die Masse haben und einen Raum einnehmen.
- *Kräfte* sind gerichtete physikalische Größen (Vektoren). Sie können Körper beschleunigen oder verformen sowie durch Kraftwirkungen Arbeit verrichten oder die Energie eines Körpers verändern.
- *Raum* hat erfahrungsgemäß drei Dimensionen (Höhe, Breite, Tiefe), er kann Materie und Felder enthalten und in ihm spielen sich alle physikalischen Vorgänge ab.
- *Zeit* kennzeichnet die unumkehrbare Abfolge physikalischer Vorgänge. In der Relativitätstheorie wird die Zeit mit dem dreidimensionalen Raum im Modell einer vierdimensionalen *Raumzeit* verknüpft.

Entwicklung der Physik

In der historischen Entwicklung der Physik entstanden – zunächst aus dem Erfahrungsbereich der mit den menschlichen Sinnen (Sehen, Hören, Tasten) beobachteten Naturvorgänge sowie ihrer experimentellen Überprüfung und mathematischen Darstellung – die

Physikbereiche *Mechanik*, *Wärmelehre* (Thermodynamik) und *Optik* (Strahlenoptik und Wellenoptik). Aus der Beobachtung elektrischer und magnetischer Phänomene und der Untersuchung ihrer Zusammenhänge entwickelte sich das Gebiet des Elektromagnetismus. Die Gesamtheit optischer und elektromagnetischer Strahlungsvorgänge kann durch das *elektromagnetische Spektrum* erklärt werden. Die genannten Gebiete sind die in ihren Geltungsbereichen abgeschlossenen und experimentell bestätigten Bereiche der *Klassischen Physik*. Durch das neue Raum-Zeit-Verständnis der *Relativitätstheorie* (1905) und die *Quantentheorie* (1920er Jahre) zur Beschreibung physikalischer Phänomene der Mikrowelt und Nanowelt wurde die Klassische Physik zum heutigen Weltbild der Physik erweitert.

Aufbau der Physik

Im Unterschied zur Philosophie – wo nach einem Zitat von Carl Friedrich von Weizsäcker „jeder der großen Philosophen die Welt in einer ihm eigenen Weise verstanden hat" – folgt der Aufbau der Physik dem *Korrespondenzprinzip*. Es besagt, dass eine ältere naturwissenschaftliche Theorie in einer neueren Theorie enthalten ist, die neuere Theorie aber einen erweiterten Gültigkeitsbereich besitzt. Dies kann aus einem Vergleich von Klassischer Physik und Quantenphysik erläutert werden. Die Quantenphysik ist nicht deterministisch im klassischen Sinn und erlaubt lediglich „Wahrscheinlichkeitsprognosen" für den Wert einer Messgröße wie beispielsweise den Ort, an dem sich ein Objekt befinden wird. Wendet man die Regeln der Quantenphysik auf makroskopische mechanische Systeme an, so wird die statistische Streuung der Messergebnisse nahezu unmessbar klein und die Mittelwerte quantenmechanischer Größen gehen in die klassischen Bewegungsgleichungen über (Ehrenfest-Theorem).

Die folgenden Abschnitte geben eine knappe Übersicht über die hauptsächlichen Teilbereiche der Physik. Die in der historischen Entwicklung wichtigsten Beobachtungen physikalischen Phänomene sind in Abschn. 3.6 zusammengestellt.

Mechanik

Die *Mechanik* befasst sich schwerpunktmäßig mit Bewegungsvorgängen (*Kinematik*) sowie mit der Wirkung von Kräften (*Dynamik*). Objektbezogen unterscheidet man *Stereomechanik* (Massenpunkte, starre Körper) und *Kontinuumsmechanik* (Mechanik der Fluide und Festkörper). Die *Kinematik* betrachtet die Bewegung von Massenpunkten oder Körpern mit den Begriffen *Weg*, *Geschwindigkeit* (Wegstrecke pro Zeiteinheit) und *Beschleunigung* (Geschwindigkeit pro Zeiteinheit). Grundregeln der Kinematik:

1. Zur Beschreibung von Bewegungen benötigt man ein geometrisches Bezugssystem.
2. Bewegungen bestehen aus Linearbewegungen (Translationen) und Drehbewegungen (Rotationen).

3. Ein räumlich frei beweglicher Körper hat 3 Translations- und 3 Rotations-Bewegungs-Freiheitsgrade.

Die *Dynamik* befasst sich mit Kräften im Gleichgewichtszustand (Statik), dem Zusammenhang von Kräften und Bewegung (Kinetik) und dem Einfluss von Kräften auf Massen und Körper (Strukturdynamik). Die Grundregeln der Dynamik (Newton'sche Axiome) lauten:

1. *Trägheitsprinzip* Ein Körper verharrt in Ruhe oder gleichförmiger Bewegung, sofern er nicht durch eine Kraft zur Änderung seines Zustands gezwungen wird.
2. *Aktionsprinzip* (Kraft-Bewegung Zusammenhang), ausgedrückt in der Formulierung von Leonard Euler (1750): Kraft = Masse · Beschleunigung.
3. *Reaktionsprinzip* Kräfte treten nur paarweise auf, (actio ist gleich reactio).

Grundlegende Begriffe der Dynamik sind: Impuls = Masse · Geschwindigkeit; Arbeit (mechanische Energie) = Kraft · Geschwindigkeit; Leistung = Arbeit/Zeit.

Jedes Ereignis der Mechanik findet in Raum und Zeit statt. Aus der experimentell beobachteten Tatsache, dass sich durch „Symmetrieoperationen" (a) Translation im Raum, (b) Translation in der Zeit, kinematische Gesetze nicht verändern, leiten sich Erhaltungssätze ab: aus (a) folgt der *Impulserhaltungssatz* und aus (b) der Energieerhaltungssatz.

Relativitätstheorie

Die *spezielle Relativitätstheorie* (Einstein 1904) beschreibt die Kinematik aus der Sicht von Beobachtern in *gleichförmig* relativ zueinander bewegten Bezugssystemen (Koordinatensystemen). Die *allgemeine Relativitätstheorie* (Einstein 1916) betrachtet *beschleunigte* Bewegungssysteme und führt die Gravitation auf eine „Krümmung" von Raum und Zeit zurück, die unter anderem durch die beteiligten Massen verursacht wird. Die Relativitätstheorie basiert auf zwei experimentell gesicherten Beobachtungen:

1. Die Masse eines Körpers m nimmt mit zunehmender Geschwindigkeit v zu. Es gilt: $m = m_0 / \sqrt{(1 - v_2/c_2)}$, m_0 Ruhemasse, c Lichtgeschwindigkeit. Die Formel wurde mit Teilchenversuchen nahe der Lichtgeschwindigkeit bestätigt und macht sich bei der Bewegung makroskopischer Körper auf der Erde praktisch nicht bemerkbar. Auch bei der sehr hohen Satellitengeschwindigkeit von 8 km/s verändert sich die Masse nach dieser Formel nur um einige Milliardstel der Ruhemasse.
2. Die Lichtgeschwindigkeit ist eine Naturkonstante mit einem Zahlenwert von $c \approx 300.000$ km/s. Der Betrag c ist für ruhende und gleichförmig geradlinig bewegte Lichtquellen gleich groß (Michelson-Morley Experiment 1887).

Das Bewegungsproblem in der Klassischen Mechanik oder der Relativitätstheorie wird durch Einführung von Koordinatensystemen und die Betrachtung der Bahnkurve eines

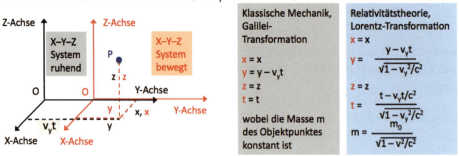

Abb. 3.13 Kinematik eines Objektpunktes in der Klassischen Mechanik und in der Relativitätstheorie

Objektpunkts gelöst. In Abb. 3.13 ist ein Objektpunkt P in zwei relativ zueinander bewegten Koordinatensystemen dargestellt, x, y, z sind die Ortskoordinaten und t ist die Zeit. Aus der Lorentztransformation und den Formeln für die Parameter y und t folgt, dass bei sehr hohen Geschwindigkeiten Längenmaßstäbe verkürzt erscheinen und bewegte Uhren langsamer gehen.

Der Begriff „Gleichzeitigkeit" relativiert sich in der Relativitätstheorie. Ein Ereignis an einem Ort A findet für einen Beobachter am Ort B nicht „gleichzeitig", sondern erst nach der Zeit statt, die Licht benötigt um von A nach B zu gelangen. Beispielsweise ist ein auf der Erde (Ort B) aktuell beobachteter „Sonnenaufgang" bereits Vergangenheit für die Sonne (Ort A), denn Licht benötigt etwa 8 Minuten für die Entfernung Sonne–Erde. Allgemein gilt: „Gegenwart" an einem Ort A ist „Zukunft" an einem Ort B, und „Gegenwart" am Ort B ist „Vergangenheit" am Ort A.

Eine weitere Folge des Relativitätsprinzips ist die Äquivalenz von Masse und Energie.

> Experimentell kann man unmittelbar sehen, wie Elementarteilchen aus kinetischer Energie erzeugt werden und wie solche Teilchen wieder verschwinden können, indem sie sich in Strahlung umwandeln (Heisenberg).

Bei Geschwindigkeiten nahe der Lichtgeschwindigkeit c besteht eine Äquivalenz von Masse m und Energie E gemäß $E = m \cdot c^2$. Sind die zugehörigen Geschwindigkeiten kleiner als die Lichtgeschwindigkeit, geraten die Abhängigkeiten vom Bewegungszustand unter die experimentelle Nachweisgrenze. Mit hinreichender Genauigkeit reicht dann die klassische Mechanik zur Beschreibung der „Physik unserer sinnlichen Erfahrung" aus.

Wärme

Die *Wärmelehre* entwickelte sich aus der Erkenntnis, dass Wärme kein Stoff, sondern *Energie der Bewegung kleinster Teilchen* ist (Stoßprozesse in Gasen, Gitterschwingungen in Festkörpern) und als *Thermodynamik* mit Methoden der *statistischen Mechanik* beschrieben werden kann. Die *Temperatur* ist eine orts- und zeitabhängige *Zustandsgröße* und das makroskopische Maß für die mikroskopische Bewegungsenergie der Teilchen eines thermodynamischen Systems im thermischen Gleichgewicht. Die *Wärmekapazität* bezeichnet das Verhältnis zwischen zugeführter Wärmemenge und Temperaturerhöhung, sie ist eine temperaturabhängige Stoffeigenschaft. Die *Wärmeleitfähigkeit* ist ein Maß für die Geschwindigkeit eines Wärmeübergangs zwischen zwei Stoffen bei gegebenem Temperaturunterschied. Grundlegend für die Thermodynamik sind die aus der Beobachtung thermischer Phänomene (siehe Abschn. 3.6) entwickelten *Hauptsätze der Thermodynamik*:

1. Die Energie eines abgeschlossenen Systems ist konstant.
2. Thermische Energie ist nicht in beliebigem Maße in andere Energiearten umwandelbar.
3. Der absolute Nullpunkt der Temperatur (0 Kelvin = −273,15 °C) ist unerreichbar.

Der zweite Hauptsatz kann durch Einführung des Begriffs *Entropie* wie folgt ausgedrückt werden: Entropieänderung = Wärmemengenänderung/absolute Temperatur. (In der Modellvorstellung der Thermodynamik kennzeichnet die Entropie die Zahl der Mikrozustände, durch die der beobachtete Makrozustand des Systems realisiert werden kann). Die Entropie beschreibt zusammen mit der Temperatur, dem Druck und dem Volumen den Zustand eines thermodynamischen Systems.

Optik

Die *Optik* – in der Antike die *Lehre vom Sichtbaren* (griechisch *optike*) – beschäftigt sich mit *Licht*. Es ist vom menschlichen Auge als *optische Strahlung im* Wellenlängenbereich von 380 Nanometer (blau) bis 780 Nanometer (rot) wahrnehmbar. Licht kann entstehen

- in Festkörpern durch Strahlungsemission (*Glühlampe*),
- in Gasen durch Stoßanregung von Atomen, Ionen, Molekülen (*Leuchtstofflampe*),
- in Halbleiterstrukturen durch Rekombination von Ladungsträgern (Light-emitting diode LED).
- Ein *Schwarzer Körper* ist eine ideale thermische Strahlungsquelle, die elektromagnetische Strahlung jeder Wellenlänge vollständig absorbiert. Absorptionsvermögen und Emissionsvermögen sind zueinander proportional (Kirchhoff'sches Strahlungsgesetz). Das *Planck'sche Strahlungsgesetz* beschreibt die Verteilung der Strahlungsenergie in Abhängigkeit von der Wellenlänge der Strahlung.

- LASER-Strahlung ist einfarbig (monochromatisch), interferenzfähig (kohärent) eng gebündelt und sehr intensiv. Es können Lichtpulse von 10^{-15} s Dauer (Femtosekunden-LASER) erzeugt und Leistungsdichten von mehr als 1000 W/cm^2 mit Temperaturen von mehreren 1000 Grad Celsius und Materialverdampfung realisiert werden.

Licht besteht aus Photonen (Lichtquanten), die bei energetisch angeregten Quantensprüngen von Elektronen in Atomen emittiert werden. Die Photonenenergie wird als *radiometrische Strahlungsenergie* und – bei Bewertung gemäß der spektralen Hellempfindlichkeit des menschlichen Auges – als *photometrische Lichtmenge* bezeichnet. Die *Strahlungsleistung* (*Strahlungsfluss*) ist die in einem Zeitintervall abgestrahlte Strahlungsenergie (photometrisch *Lichtstrom*). Die *Strahldichte* (photometrisch *Leuchtdichte*) ist der Strahlungsfluss pro Raumwinkel und pro wirksamer Senderfläche.

Optische Strahlung breitet sich im Vakuum mit maximaler Geschwindigkeit c (300.000 km/s, Naturkonstante) und in optisch transparenten Medien mit geringerer Geschwindigkeit v aus. Der Brechungsindex n = c/v ist eine optische Materialkonstante. *Reflexion* ist das Zurückwerfen von Licht an Spiegelflächen (Einfallswinkel gleich Ausfallswinkel). *Brechung* ist die Änderung der Ausbreitungsrichtung an Medien-Grenzflächen mit unterschiedlichem Brechungsindex (z. B. Prismen- oder Linsenflächen). An Grenzflächen Luft/Glas wird der Lichtstrahl zur Lot-Senkrechten hin und an Grenzflächen Glas/Luft von der Lot-Senkrechten weg gebrochen. Im letzteren Fall kann in Abhängigkeit von der Brechungsindexkombination *Totalreflexion* auftreten, d. h. das Licht kann nicht mehr aus dem Medium mit dem höheren Brechungsindex austreten und wird in diesem Medium weitergeleitet. Die Totalreflexion ist Grundlage von *Lichtleitfasern* (Faserkern mit hohem Brechungsindex, Fasermantel mit niedrigem Brechungsindex), womit Licht auf „gekrümmten Wegen" geführt werden kann. Anwendungen: faseroptische Sensoren, Endoskope, pixelfömige Abbildungsmuster.

Die Lichtausbreitung kann gemäß dem experimentell bestätigten *Welle-Teilchen-Dualismus* als *Wellenoptik* oder als *Strahlenoptik* (*geometrische Optik*) beschrieben werden.

- Die *Wellenoptik* behandelt Licht als elektromagnetische Welle, womit sich Eigenschaften wie Farbe, Interferenzfähigkeit, Beugung des Lichts erklären lassen.
- Die *Strahlenoptik* nimmt vereinfachend an, dass sich die Photonen auf geraden Bahnen (Strahlengängen) bewegen. Durch Anwendung der optischen Gesetze der *Reflexion* und *Brechung* werden mittels optischer Bauelemente (z. B. Spiegel, Linsen, Prismen) die klassischen optischen Geräte (z. B. Mikroskop, Fernrohr) gestaltet.

Elektromagnetismus

Wissenschaftliche Untersuchungen des bereits in der Antike bekannten Magnetismus (Magneteisenstein) und der von Thales an Bernstein (griechisch *Elektron*) entdeckten Berüh-

3.7 Entwicklung und Aufbau der Physik

rungselektrizität führten zu den Physikbereichen des Magnetismus und der Elektrizität, zusammengefasst unter dem Begriff *Elektromagnetismus*.

Magnetismus wurde historisch als Kraftwirkung bestimmter Erze auf Eisen und auch durch die Ausrichtung von Kompassnadeln in Nord-Süd-Richtung der Erde beobachtet. Der Magnetismus basiert auf zwei unterschiedlichen physikalischen Effekten:

- *Magnetische Momente* sind Eigenschaften von Elementarteilchen der Materie:
  - *Diamagnetismus* geht auf den Bahndrehimpuls der Elektronen in Atomen zurück, er tritt nach außen nicht in Erscheinung.
  - *Paramagnetismus* beruht auf dem Vorhandensein permanenter magnetischer Dipole infolge unvollständig besetzter Elektronenschalen.
  - Ferromagnetismus ist die Eigenschaft bestimmter Materialien (z. B. Eisen, Nickel, Kobalt) ihre Elementarmagnete in submikroskopischen Domänen (Weiss-Bezirke) parallel zueinander auszurichten. Die Domänen verursachen selbst ein statisches Magnetfeld oder sie werden vom Magnetpol eines äußeren Magnetfelds angezogen. Anwendungen sind Dauermagnete oder magnetische Datenspeicher.
- *Magnetfelder* entstehen bei jeder Bewegung elektrischer Ladungen. Stationäre Magnetfelder (Magnetostatik) werden durch Gleichstrom erzeugt und verlaufen in geschlossenen Bahnen. Bei schwingenden Ladungen (Wechselstrom) entstehen elektromagnetische Felder, ihre periodischen Änderungen sind elektromagnetische Wellen.
- *Induktion* ist das Entstehen eines elektrischen Feldes durch Änderung eines magnetischen Feldes: Magnetfeldänderung ↔ Induktion ↔ Elektrisches Feld.

Elektrizität nennt man alle Erscheinungen, die von ruhenden (Elektrostatik) und bewegten (Elektrodynamik) elektrischen Ladungen und Strömen sowie den damit verbundenen elektrischen und magnetischen Feldern hervorgerufen werden. Elektrizität ist durch folgende Grundvorgänge und Grundregeln gekennzeichnet:

- In der Materie existieren gleichmäßig verteilte Träger negativer und positiver elektrischer Ladungen (Elektronen in der Atomhülle, Protonen im Atomkern). Gleichnamige Ladungen üben aufeinander eine abstoßende Kraft und ungleichnamige Ladungen eine anziehende Kraft aus (Coulomb'sches Gesetz).
- In der Umgebung einer elektrischen Ladung besteht ein *elektrisches Feld* mit *Feldlinien*, deren *Feldstärke E* durch die lokale Kraft F auf eine Probeladung Q definiert ist: $F = Q \cdot E$. Orte gleicher Feldstärke liegen auf Äquipotentiallinien, die Potentialdifferenz ist die elektrische Spannung U, gemessen in Volt V. Die elektrische Spannung ist mit der elektrischen Ladung Q durch die elektrische Kapazität C verknüpft: $Q = C \cdot U$.
- Elektrischer Strom entsteht durch die Bewegung elektrischer Ladungsträger (Elektronen, Ionen) in Gasen, Flüssigkeiten (Elektrolyten) und Festkörpern (Metalle, Halbleiter). Die pro Zeiteinheit fließende Ladungsmenge ist die elektrische Stromstärke I, gemessen in Ampere A.

- Der elektrische Widerstand R, gemessen in Ohm, ist ein Maß für die elektrische Spannung U, die erforderlich ist, um einen elektrischen Strom I fließen zu lassen. Für elektrische Leiter gilt das Ohm'sche Gesetz: $U = R \cdot I$.
- Die elektrische Energie ist das Produkt von Ladung und Spannung: $E = Q \cdot U$ und die elektrische Leistung ist das Produkt von Spannung und Strom: $P = U \cdot I$.
- In einem stationären Feld der elektrischen Feldstärke E und der magnetischen Flussdichte B wirkt auf eine mit der Geschwindigkeit v bewegte elektrische Ladung Q die *Lorentz-Kraft* $F = Q(E + v \times B)$. Die Vektoren v, B, F bilden ein rechtwinkliges kartesisches Koordinatensystem. Mittels der Lorentz-Kraft kann elektrische Energie in mechanische Energie umgewandelt werden (Elektromotorprinzip) und umgekehrt (Generatorprinzip).

Der komplette Elektromagnetismus wird in geschlossener Form durch die *Maxwell-Gleichungen* beschrieben. Sie können mathematisch als Differentialgleichungen oder in Integralform formuliert werden, ihr physikalischer Inhalt lautet:

1. Elektrische Ladungen sind die Quellen des elektrischen Feldes. Der elektrische Fluss durch die geschlossene Oberfläche eines Volumens ist gleich der elektrischen Ladung in seinem Inneren.
2. Jeder elektrische Strom ist von geschlossenen magnetischen Feldlinien umgeben.
3. Die Feldlinien der magnetischen Flussdichte sind stets in sich geschlossen, d. h. es gibt keine isolierten Magnetpole.
4. Jedes zeitlich veränderliche Magnetfeld ist von geschlossenen elektrischen Feldlinien umgeben (Induktionsgesetz).

Die Lösungen der Maxwell-Gleichungen beschreiben elektromagnetische Wellen, deren Existenz von Heinrich Hertz experimentell bestätigt wurde (1887). Die Gesamtheit elektromagnetischer Wellen verschiedener Energien wird als *Elektromagnetisches Spektrum* bezeichnet. Es vereint physikalische Phänomene des Elektromagnetismus und der Optik. Tabelle 3.2 gibt eine Übersicht mit Wellenlängen- und Frequenzbereichen sowie technischen Anwendungen.

Quantentheorie

Die Quantentheorie basiert auf dem experimentell gesicherten Dualismus von Welle und Teilchen und enthält das Planck'sche Wirkungsquantum h als grundlegende Naturkonstante. Der dreidimensionalen Raum als Ort physikalischer Vorgänge – relativistisch verbunden mit der Zeit – und die Gegenstände im Raum (Teilchen, Felder) werden als empirisch bekannt vorausgesetzt.

Die *Quantenmechanik* hat ihren Ausgangspunkt in der Analyse der atomaren Struktur der Materie (siehe Abschn. 3.2). Es zeigte sich, dass eine Erklärung des Atoms als ein

3.7 Entwicklung und Aufbau der Physik

Tab. 3.2 Übersicht über das Elektromagnetische Spektrum

Bezeichnung	Wellenlängenbereich	Frequenzbereich	Anwendung (Beispiele)
Wechselstrom		50 Hz	Elektr. Energieversorgung
Ultrakurzwellen		30 ... 300 MHz	Hörfunk, Fernsehen
Zentimeterwellen		3 ... 30 GHz	RADAR, Satellitenfunk
Infrarot	1 mm ... 780 nm		Wärmestrahler
Sichtbares Licht	780 ... 380 nm		Beleuchtung, LASER
Ultraviolett	380 ... 10 nm		Photochemie
Röntgenstrahlen	10 nm ... 10^{-3} nm	$10^{16} ... 10^{20}$ Hz	Diagnostik, Prüftechnik
Gammastrahlen	< 1 nm		Strahlentherapie

„kontinuierlicher Elektronenraum innerhalb der Atomhülle" nach der klassischen Physik unmöglich ist. Da die Elektronen nach der klassischen Elektrodynamik bei Bewegungen auf gekrümmten Bahnen ständig Lichtwellen ausstrahlen müssen, würden sie schließlich in den Atomkern stürzen.

Bohr löste das Problem mit dem „Bohr'schen Atommodell". Er wandte Plancks „Quantenhypothese" auf das Atom an und postulierte, dass die möglichen „Elektronenbahnen" kein Kontinuum, sondern eine „diskrete Mannigfaltigkeit" sind, wobei es eine „tiefste Bahn", den „Grundzustand" des Elektrons gibt, von dem aus das Elektron nicht mehr strahlt. Spektroskopische Untersuchungen (Franck-Hertz-Versuch) des von angeregten Atomen ausgesendeten Lichtes zeigten, dass in Atomen die Energieaufnahme und -abgabe in der Tat nur in Form diskreter Energiepakete erfolgt, womit die Quantentheorie experimentell bestätigt wurde. In der endgültigen Fassung der Quantenmechanik werden Elektronen allerdings nicht durch singuläre „Bahnen" sondern durch die *Schrödinger'sche Wellengleichung* ψ beschrieben. Die Wellenfunktion ψ(x) ist eine komplexe Funktion des Ortes x, deren Absolutquadrat $|\psi(x)|^2$ die Wahrscheinlichkeit angibt, das Elektron am Ort x vorzufinden.

Die *Quantenelektrodynamik* wurde in wesentlichen Zügen durch Feynman entwickelt, der dafür 1965 den Nobelpreis erhielt. Er kennzeichnet diesen Bereich der Quantentheorie wie folgt: *Die Quantenelektrodynamik behandelt die Wechselwirkung zwischen Elektronen und Protonen und ist eine elektromagnetische Theorie, die im Sinne der Quantenmechanik korrekt ist. Sie ist damit die fundamentale Theorie der Wechselwirkung zwischen Licht und Materie oder zwischen elektrischem Feld und Ladungen. Die Theorie enthält Regeln für alle physikalischen Phänomene und die bekannten elektrischen, mechanischen und chemischen Gesetze, ausgenommen Gravitation und nukleare Prozesse.*

Die Quantentheorie gestattet nur Wahrscheinlichkeitsvorhersagen für Messungen. Das physikalische Geschehen ist *nicht voll kausal determiniert*. Die Messung des Ortes eines Quantenobjektes ist zwangsläufig mit einer Störung seines Impulses verbunden, und umgekehrt. Der Ort x und der Impuls p eines Quantenobjektes sind stets wenigstens um Beträge Δx und Δp unbestimmt und das Produkt Δx · Δp kann nicht kleiner sein als das Planck'sche Wirkungsquantum h. Das ist die Heisenberg'sche Unschärferelation: Δx · Δp > h. Für den

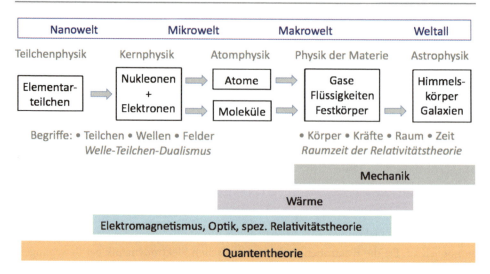

Abb. 3.14 Übersicht über das Weltbild der Physik

Grenzfall h → 0 folgen aus der Quantentheorie die zugehörigen klassischen Theorien, z. B. aus der Quantenmechanik die klassische Newton'sche Mechanik. Umgekehrt geht eine klassische Theorie mit Hilfe von Quantisierungsvorschriften in die Quantentheorie über. In dieser Betrachtungsweise ist die Quantentheorie die universale Theorie der Welt der Physik.

3.8 Das Weltbild der Physik

Aus physikalischer Beobachtung, Begründung und Experiment entstand das heutige *Weltbild der Physik*. Es ist in der Übersichtsdarstellung von Abb. 3.14 skizziert. Geht man von dem zentralen Begriff der Materie aus, so kann die Welt der Physik in vier sich überschneidenden Dimensionsbereichen mit jeweils charakteristischer Ausprägung physikalischer Phänomene gesehen werden:

- die *Nanowelt* (Dimensionsbereich Nanometer und darunter) mit Elementarteilchen, beschrieben durch die *Teilchenphysik*,
- die *Mikrowelt* (Dimensionsbereich Nanometer bis Mikrometer) mit Atomen (Nukleonen + Elektronen), beschrieben durch die *Kernphysik* und die *Atomphysik*,
- die *Makrowelt* (Dimensionsbereich Mikrometer bis Meter und darüber) mit Gasen, Flüssigkeiten und Festkörpern, beschrieben durch die *Physik der Materie*,
- das *Weltall* (Dimensionsbereich Lichtjahre) mit Himmelskörpern und Galaxien, erforscht durch die *Astrophysik*. z. B. mit dem Hubble-Weltraumteleskop.

Das *Standardmodell der Kosmologie* nimmt an, dass das Weltall vor ungefähr 13 Milliarden Jahren aus einer Art „Urknall" entstand. Es hat sich seitdem ausgedehnt, abgekühlt und es bildeten sich die uns heute bekannten Strukturen von Atomen bis zu Galaxien.

Die Physik umfasst – ohne Einbeziehung der allgemeinen Relativitätstheorie, die vielleicht noch nicht ihre endgültige Form gefunden hat – vier Begriffsbereiche.

- Der erste Bereich ist die von Newton begründete Mechanik. Sie eignet sich zur Beschreibung aller mechanischen Vorgänge einschließlich der Bewegung von Flüssigkeiten und elastischer Schwingungen von Körpern. Die Mechanik enthält die Akustik, die Aerodynamik und die Hydrodynamik. Auch die Astrophysik der Bewegung der Himmelskörper gehört dazu.
- Der zweite Bereich ist die Theorie der Wärme, die mit der Mechanik durch die sogenannte statistische Mechanik verbunden ist. Die phänomenologische Theorie der Wärme benutzt Begriffe wie Wärme, spezifische Wärme, freie Energie, Entropie. Der Entropiebegriff ist eng mit dem Begriff der Wahrscheinlichkeit in der statistischen Deutung der Wärmelehre verbunden.
- Der dritte Bereich umfasst die Elektrizitätslehre mit Elektrostatik und Elektrodynamik, den Magnetismus, die Optik sowie die spezielle Relativitätstheorie. Einbezogen werden kann hier auch die Theorie der Materiewellen für Elementarteilchen. Allerdings gehört die Schrödinger'sche Wellentheorie nicht dazu, sie wird zu den Grundlagen der Quantentheorie gerechnet.
- Der vierte Bereich ist die Quantentheorie. Ihr zentraler Begriff ist die Wahrscheinlichkeitsfunktion, mathematisch auch als „statistische Matrix" bezeichnet. Der Bereich umfasst die Quanten- und Wellenmechanik, die Theorie der Atomspektren, die physikalischen Grundlagen der Chemie sowie einige Aspekte der Physik der kondensierten Materie, wie z. B. Leitfähigkeit, Ferromagnetismus

Zum Weltbild der Physik *sagt der* Physiker und Philosoph Carl-Friedrich von Weizsäcker:
Die Physik ist die zentrale Disziplin der Naturwissenschaft. Wir kennen heute keine Grenzen ihres Geltungsbereichs. Hinzufügen ist die bereits einleitend zitierte „Feynman'sche Maxime": *das Experiment ist der Prüfstein allen Wissens und der einzige Richter über wissenschaftliche Wahrheit.*

3.9 Antimaterie: Eine andere Welt

Materie besteht aus Atomen. Sie enthalten im Atomkern positive Protonen und neutrale Neutronen sowie in der Atomhülle Elektronen mit der negativen Elementarladung. Die Existenz eines „Positrons" als positiv geladenes „Antiteilchen" des Elektrons wurde 1928 von Dirac theoretisch postuliert und von Anderson 1932 in der kosmischen Strahlung experimentell nachgewiesen. Alle Eigenschaften dieser beiden Teilchen sind

Mit diesem Titelbild schrieb er SPIEGEL am 9. Juli 2012:
Physiker entschlüsseln das Geheimnis der Anti-Materie

Der Generaldirektor des Teilchenforschungszentrum CERN, der Physiker Rolf-Dieter Heuer, sagte dazu dem SPIEGEL:

„Unser sogenanntes Standardmodell (der Kosmologie) beschreibt gerade mal vier bis fünf Prozent des Universums. Ein knappes Viertel macht die „Dunkle Materie" aus. Wir verdanken ihr, dass die rotierenden Galaxien nicht einfach auseinander fliegen. Mit der sichtbaren Materie allein lässt sich das nicht erklären. Die verbleibenden fast drei Viertel entfallen auf das, was wir „Dunkle Energie" nennen. Sie bewirkt, dass das Universum sich immer schneller ausdehnt. Das „Higgs-Feld", das zu dem Higgs-Teilchen gehört, hat eine Eigenschaft, die zur Dunklen Energie passt: es wirkt in alle Richtungen gleich. Wir haben jetzt das Teilchen gefunden, das allen anderen Teilchen ihre Masse verleiht. Damit ist geklärt, das das Standardmodell voll und ganz zutrifft. Nun gilt es die Lücke in diesem Modell zu finden, durch die wir zu den restlichen 95 % des Universums vordringen können".

Abb. 3.15 Ein aktueller Bericht über Antimaterie

gleich, nur die Ladungen sind umgekehrt. Die Antiteilchen der beiden anderen stabilen Materiebestandteile, das Antiproton und das Antineutron wurden 1955 bzw.1956 in Hochenergie-Beschleunigern (Lawrence Berkeley National Laboratory) künstlich erzeugt. Die weiteren Forschungsarbeiten der Hochenergiephysik und der Elementarteilchenphysik zeigten, dass zu jedem Baustein unserer Materie ein direkter „Antimaterie-Partner" existiert. *Antimaterie* ist die Sammelbezeichnung für *Antiteilchen*. Wenn „normale" Teilchen und die zugehörigen Antiteilchen zusammentreffen, können sie sich gegenseitig auslöschen und ihre gesamte Masse kann als Strahlungsenergie frei werden.

Der Vergleich von Modellrechnungen im Rahmen des *Standardmodells der Kosmologie* (Urknalltheorie) mit astronomischen Messdaten spricht dafür, dass das Verhältnis von Materie und Antimaterie anfangs fast 1 war. Bei exakt gleichem Verhältnis wären Materie und Antimaterie im Verlauf der Abkühlung des Universums vollständig in Strahlung umgewandelt worden. Ein winziges Ungleichgewicht – etwa 1 Teilchen Überschuss auf 1 Milliarde Teilchen-Antiteilchen-Paare – bewirkte, dass ein Rest an Materie übrig blieb, der in unserem heutigen Universum feststellbar ist. Dieses Ungleichgewicht von Materie und Antimaterie ist eine der Voraussetzungen für die Stabilität des Universums und somit auch für das Leben auf der Erde. Der Grund für dieses Ungleichgewicht ist eines der großen Rätsel der Elementarteilchenphysik und der Kosmologie, worüber auch der Spiegel berichtete, siehe Abb. 3.15.

Technologische Innovationen

Die Welt der Technik

Technik bezeichnet die Gesamtheit der von Menschen geschaffenen, nutzorientierten Gegenstände und Systeme sowie die zugehörige Forschung, Entwicklung, Herstellung und Anwendung. Technikwissenschaft ist *Technologie*.

Die Entwicklung der Technik ist eng mit den Fortschritten der Physik verbunden. In Abb. 4.1 sind ihre grundlegenden Bereiche in einer vereinfachten Übersicht gegenübergestellt. Die Mechanik begründet alle mechanischen Technologien vom Maschinenbau über das Bauwesen bis zur Flugtechnik. Wärmelehre und Thermodynamik schaffen die Energietechnik. Der Elektromagnetismus ist die Basis für die Elektrotechnik und die Nutzung von „Energie aus der Steckdose" für alle Bereiche des menschlichen Lebens und die Elektronik ermöglicht mit Computernetzwerken die globale Information und Kommunikation. Optische Geräte erschließen durch Fernrohre das Weltall und durch Mikroskope den Mikrokosmos und die Quantenphysik ist die physikalische Grundlage für die Mikro- und Nanotechnik.

Die Technik basiert auf der Physik, aber die Methodik der Technik unterscheidet sich grundlegend von der Methodik der Physik.

- Die Physik erforscht die Natur mit den von Descartes und Newton begründeten Methoden von „Reduktionismus" und „Analytik": Zerlegung einer Problemstellung in seine

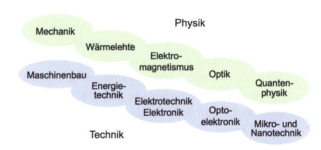

Abb. 4.1 Physik und Technik in einer vergleichenden Darstellung ihrer grundlegenden Bereiche

einfachsten Elemente und deren Analyse zum Erkennen von Elementarkräften und Naturkonstanten.
- Die Technik benötigt einen „ganzheitlichen" Ansatz, grundlegend für die Technik sind „Synthese" und „Systemdenken".

4.1 Dimensionen der Technik

Die Dimensionsbereiche der heutigen Technik umfassen mehr als zwölf Größenordnungen. Abbildung 4.2 gibt eine Dimensionsübersicht mit typischen Beispielen.

- *Makrotechnik* ist die Technik der Maschinen, Apparate, Geräte und technischen Anlagen: kilometerlange Brücken- und Tunnelbauwerke, Pipelines, Automobile, Schiffe und Flugzeuge sowie alle technischen Gebrauchsgegenstände.
- *Mikrotechnik* realisiert mit Modulen aus Mikromechanik, Mikrofluidik, Mikrooptik, Mikromagnetik, Mikroelektronik die miniaturisierten Funktionsbausteine in Hightech-Geräten. Sie reichen von Computern, Audio/Video-Geräten, Smartphones und medizintechnischen Instrumenten bis hin zu den vielfältigen Haushaltsgeräten.
- *Nanotechnik* nutzt nanoskalige Effekte der Physik, Chemie und Biologie. Die Nanowissenschaft wurde 1960 durch Feynman (Physik-Nobelpreisträger 1965) begründet. Ein Beispiel der nanotechnischen Gerätetechnik ist das im Bild unten rechts mit seinem Funktionsprinzip dargestellte Rasterkraftmikroskop. Es ermöglicht durch nanoskopische Scantechnik die Darstellung von Materialoberflächen im atomaren Maßstab und die Bestimmung kleinster Kräfte, z. B. zur Optimierung magnetischer Datenspeicher und elektronischer Mikrochips.

Eigenschaftserfordernisse für technische Erzeugnisse

Technische Erzeugnisse werden durch menschliche Kreativität für Aufgaben aus Technik, Wirtschaft und Gesellschaft geschaffen – die Frage der „Technikbewertung" wird in Abschn. 4.9 betrachtet. Zu den wichtigsten Eigenschaften technischer Erzeugnisse gehören:

- *Funktionalität*: Die Funktionalität eines technischen Systems besteht darin, unter bestimmten Bedingungen erstrebte Wirkungen herbei zu führen, dabei ist die technische Effizienz – das Verhältnis von Output zu Input – z. B. der energetische Wirkungsgrad, die Stoffausnutzung oder die Produktivität, zu maximieren. Die Funktion technischer Systeme wird von der Struktur des Systems getragen. Die Systemstruktur ist durch Konstruktion und Design geeignet zu gestalten.
- *Qualität und Konformität*: Qualität ist die Beschaffenheit eines Produktes oder Systems bezüglich seiner Eignung, bestimmungsgemäße Funktionen sowie festgelegte und vorausgesetzte Regeln zu erfüllen. Die Qualität technischer Systeme ist durch ein Total Qua-

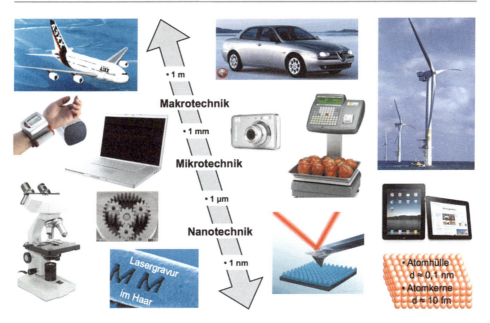

Abb. 4.2 Dimensionen der heutigen Technik: Makrotechnik, Mikrotechnik, Nanotechnik

lity Management zu gewährleisten; Qualitätsaspekte können nicht nachträglich in technische Produkte „hineingeprüft" werden. Konformität ist die Übereinstimmung mit vorgegeben Normen und Beschaffenheitsregeln. Sie ist für bestimmte Produkte gemäß EU-Richtlinien zur Technik und zum Warenverkehr durch die Konformitätserklärung des Herstellers oder die Konformitätsbescheinigung einer unabhängigen Prüfstelle (conformity assessment) nachzuweisen.

- *Wirtschaftlichkeit*: Technische Entscheidungen unterliegen wegen der grundsätzlichen Knappheit der Ressourcen, die für Herstellung und Nutzen technischer Systeme erforderlich sind, dem Gebot der Sparsamkeit. Das ökonomische Prinzip verlangt, das Verhältnis von Nutzen zu Aufwand zu maximieren, das heißt, einen bestimmten Nutzen mit möglichst geringem Aufwand, bzw. mit einem bestimmten Aufwand einen möglichst hohen Nutzen zu erreichen.
- *Umweltverträglichkeit*: Menschliches Leben ist auf die Technik angewiesen, und jede Technik greift in Naturverhältnisse ein. Hieraus ergibt sich die Verantwortung des Menschen für den Schutz der Umwelt und der Ressourcen. Geboten ist der sparsame Umgang mit natürlichen Ressourcen: Energiesparen; rohstoffsparendes Konstruieren und Fertigen; Recycling; Minimierung von Emissionen, Immissionen und Abfallmengen durch Abwasser- und Abgasreinigung; Abfallverwertung. Versäumnisse können die Lebensmöglichkeiten späterer Generationen einschränken.
- *Technische Sicherheit*: Sicherheit bei der Entwicklung und Nutzung technischer Systeme bedeutet die Abwesenheit von Gefahren für Leben oder Gesundheit. Wegen der

Abb. 4.3 Beanspruchungsarten technischer Erzeugnisse und Erfordernisse für Sicherheit und Zuverlässigkeit

Fehlbarkeit der Menschen, der Möglichkeit technischen Versagens und der begrenzten Beherrschbarkeit von Naturvorgängen gibt es keine absolute Sicherheit. Sicherheit – definiert als reziproker Wert des Risikos – ist die Wahrscheinlichkeit, dass von einer Betrachtungseinheit während einer bestimmten Zeitspanne keine Gefahr ausgeht. Sicherheit bedeutet, dass das Risiko – gekennzeichnet durch Schadenswahrscheinlichkeit und Schadensausmaß – unter einem vertretbaren Grenzrisiko bleibt.

- *Zuverlässigkeit* ist die Eigenschaft eines Bauteils oder eines technischen Systems für eine bestimmte Gebrauchsdauer ("Lebensdauer") funktionstüchtig zu bleiben. Die Gebrauchsdauer ist eine stochastische Größe, sie kann nur mit statistischen Methoden charakterisiert werden. Die Zuverlässigkeit ist definiert als die Wahrscheinlichkeit, dass ein Bauteil oder ein technisches System seine bestimmungsgemäße Funktion für eine bestimmte Gebrauchsdauer unter den gegebenen Funktions- und Beanspruchungsbedingungen ausfallfrei, d. h. ohne Versagen erfüllt. Statistische Zuverlässigkeitskenndaten technischer Systeme hängen sowohl von der inneren Systemstruktur als auch von den äußeren Funktions- und Beanspruchungsbedingungen und deren statistischer Streuung ab. Dafür müssen Werkstoffe, Bauteile und Konstruktionen so ausgewählt und dimensioniert sein, dass unter den einwirkenden Beanspruchungen und Umwelteinflüssen die technische Systemintegrität und die Funktionalität gewährleistet sind, Abb. 4.3.

4.2 Makrotechnik

Die klassische Makrotechnik ist Maschinentechnik. Die wissenschaftliche Grundlage des Maschinenbaus legte 1875 Franz Reuleaux mit seinem Buch *Theoretische Kinematik – Grundzüge einer Theorie des Maschinenwesens*. Er teilte darin die Maschinenelemente in 22 elementare Kategorien ein. Bemerkenswert ist, dass Leonardo da Vinci in dem 1965 wie-

4.2 Makrotechnik

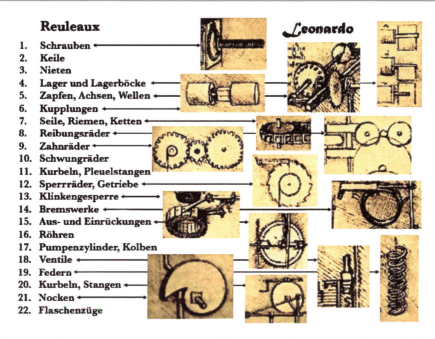

Reuleaux
1. Schrauben
2. Keile
3. Nieten
4. Lager und Lagerböcke
5. Zapfen, Achsen, Wellen
6. Kupplungen
7. Seile, Riemen, Ketten
8. Reibungsräder
9. Zahnräder
10. Schwungräder
11. Kurbeln, Pleuelstangen
12. Sperrräder, Getriebe
13. Klinkengesperre
14. Bremswerke
15. Aus- und Einrückungen
16. Röhren
17. Pumpenzylinder, Kolben
18. Ventile
19. Federn
20. Kurbeln, Stangen
21. Nocken
22. Flaschenzüge

Leonardo

Abb. 4.4 Die klassischen Maschinenelemente in Übersichten nach Reuleaux und Leonardo da Vinci

derentdeckten Codex Madrid I, bereits um 1495 die wesentlichen Prinzipien der *Elementi macchinali* skizzierte. Eine vergleichende Übersicht gibt Abb. 4.4.

Die Prinzipien der Realisierung mechanischer Funktionen von Maschinen durch elementare Elemente, wie sie erstmals von Leonardo da Vinci skizziert wurden, haben auch noch heute Bedeutung – von Kugellagern bis hin zur Mikromechanik im 100 μm-Maßstab, Abb. 4.5.

Die heutige Konstruktionssystematik des Maschinenbaus gliedert die Konstruktionselemente nach *Funktion* und *Wirkprinzip*. Tabelle 4.1 zeigt die Systematik der Maschinenelemente von Wolfgang Beitz (HÜTTE, Das Ingenieurwissen, Springer 2012).

Von besonderer Bedeutung für die Funktionalität in der Makrotechnik ist das Aufnehmen, Speichern und Übertragen mechanischer Energie durch Federelemente im Zusammenwirken mit Dämpfungs- und Masseelementen, Abb. 4.6. Die Abb. 4.7, 4.8, 4.9 und 4.10 zeigen Beispiele aus den Technikbereichen *Automobiltechnik* und *Bautechnik*.

Ein **Automobil** hat die Aufgabe, Personen und Güter von einem Punkt A zu einem Punkt B auf einer vom Fahrer vorgegebenen „Soll-Bewegungsfunktion" zu transportieren, Abb. 4.7. Dabei können „Störbewegungsfunktionen" auftreten, die heute durch die Automobiltechnik eliminierbar sind.

Die Fahrdynamik ist gekennzeichnet durch das Zusammenwirken von Massen m, Federung k und Dämpfung d unter Beeinflussung durch Radlastschwankungen und die entsprechenden Anregungsamplituden beim Fahren. Zur Analyse der Fahrdynamik wird

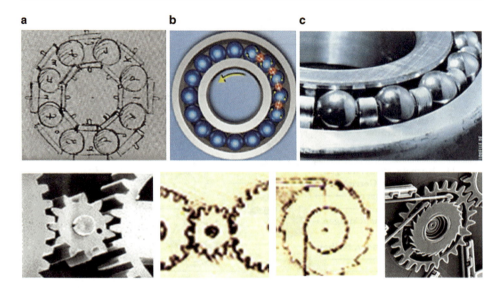

Abb. 4.5 Technikskizzen von Leonardo da Vinci im Vergleich mit Erzeugnissen der heutigen Technik. **a** Kugellager mit freien Rollbewegungen: Leonardo da Vinci (Codex Madrid, 1492), **b** Kugellager-Urform: direkter Kugel/Kugel-Kontakt behindert Rollbewegungen, **c** Kugellager mit Kugelkäfig: Stand der Technik, Reibungszahl $\mu \approx 0{,}001\ldots 0{,}005$

Federelement Federkonstante k	Dämpferelement Dämpferkonstante d	Massenelement Masse m
Elastizität, *Speicher*	Widerstand, *Senke*	Trägheit, *Speicher*
⊢⋀⋁⋀⟶ F_k, y	⊐⊏⟶ F_d, $dy/dt = v$	○⟶ F_m, $d^2y/dt^2 = a$
$F_k = k \cdot y$	$F_d = d \cdot v = d \cdot dy/dt$	$F_m = m \cdot d^2y/dt^2$
Kraft ist proportional zum Weg y	Kraft ist proportional zur Geschwindigkeit v	Kraft ist proportional zur Beschleunigung a

Abb. 4.6 Grundlegende Elemente der Makrotechnik

eine computerbasierte Fahrsimulation mit einem „1/4-Fahrzeug-Modell" vorgenommen, Abb. 4.8.

Moderne Automobile besitzen *Aktive Fahrwerke* (*Active Body Control, ABC*) mit fahrdynamisch aktiven Bauelementen (*Federbeine*) variabler Federsteifigkeit k und Dämpferkonstante d sowie Regelungstechnik, Sensorik und Aktorik. Federkraft und Federsteifigkeit der Federbein-Aktoren werden durch den Öldruck im Hydraulikzylinder eingestellt und geregelt, Abb. 4.9.

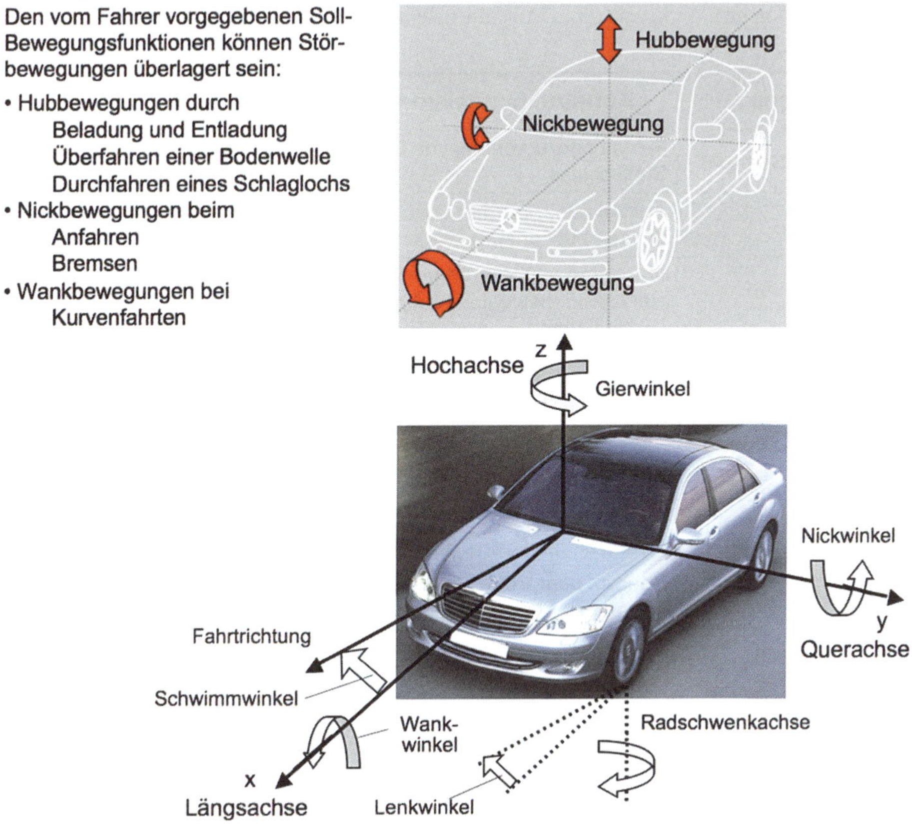

4.2 Makrotechnik

Den vom Fahrer vorgegebenen Soll-Bewegungsfunktionen können Störbewegungen überlagert sein:

- Hubbewegungen durch
  Beladung und Entladung
  Überfahren einer Bodenwelle
  Durchfahren eines Schlaglochs
- Nickbewegungen beim
  Anfahren
  Bremsen
- Wankbewegungen bei
  Kurvenfahrten

Abb. 4.7 Kenngrößen der Bewegungsfunktion eines Automobils

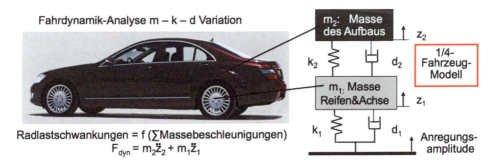

Abb. 4.8 Simulation der Fahrdynamik eines Automobils durch Masse-Feder-Dämpfung Modelle

Tab. 4.1 Funktion und Wirkprinzip von Maschinenelementen nach der heutigen Konstruktionssystematik

Kategorie	Konstruktionselemente: Funktion und Wirkprinzip
Bauteilverbindungen	Feste Lagezuordnung von Bauteilen durch Form-Kraft(Reib)- oder Stoffschluss
Federn	Aufnehmen, Speichern und Übertragen mechanischer Energie (Kräfte, Momente, Bewegungen)
Lagerungen und Führungen	Aufnahme und Übertragen von Kräften zwischen relativ zueinander bewegten Komponenten mit vorgegebenen Freiheitsgraden
Kupplungen und Gelenke	Übertragen von Rotationsenergie (Drehmomente, Drehbewegungen) über Wirkflächenpaare von Wellensystemen
Getriebe	Übertragen von Leistungen über Formschluss oder Reibschluss von Wirkflächenpaaren bei Änderung von Kräften, Momenten und Geschwindigkeiten
Elemente zur Führung von Fluiden	Führen, Verändern und zeitweises Sperren von Fluiden nach Gesetzen der Hydro- oder Gasdynamik
Dichtungen	Sperren oder Vermindern von Fluid- oder Partikelströmen durch Fugen miteinander verbundener Bauteile

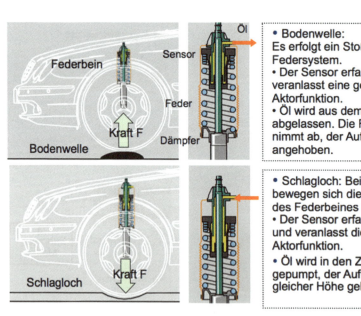

Abb. 4.9 Aktives Fahrwerk: Federbeine und ihre Funktion

Masse-Feder-Dämpfungseigenschaften sind auch für **Bauliche Anlagen** von Bedeutung. Die „Bauwerksdynamik" muss gesetzlichen Erfordernissen der Standsicherheit ent-

4.3 Mikrotechnik

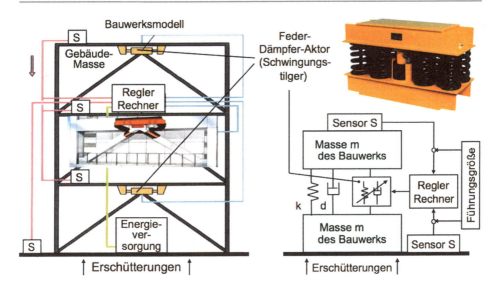

Abb. 4.10 Modell eines Bauwerks mit Masse/Feder/Dämpfung-Elementen

sprechen. In Analogie zu den „aktiven Fahrwerken" der Automobiltechnik können bauliche Anlagen – z. B. in erdbebengefährdeten Regionen wie Japan – als „aktive Bauwerke" mit Masse/Feder/Dämpfung Eigenschaften betrachtet und modelliert werden. Damit können Beanspruchungssituationen analysiert, kritische Kenndaten bestimmt und Federelemente mit integriertem Dämpfer als „Schwingungstilger" zu Erhöhung der Standsicherheit baulicher Anlagen eingesetzt werden. Abbildung 4.10 zeigt dazu ein Modell. Die Funktionsanalyse und Modellierung aktiver Bauwerke erfolgt in drei Schritten: Sensoren erfassen Störgrößen, Rechner bestimmen Aktor- und Aktoren mit regelbarer Federkonstante k und Dämpfung d kompensieren Störgrößen durch k-d-Variation kritischer Bauwerkszustände. Die Anwendbarkeit derartiger Modelle auf „immobile" bauliche Anlagen ist natürlich unter Berücksichtigung der bauwerksspezifischen Definitionen der Masse-Feder-Dämpfer-Komponenten und ihrer relevanten Parameter Stellgrößen genau zu prüfen.

4.3 Mikrotechnik

Die heutige Technik ist durch einen stetigen Trend zur Miniaturisierung gekennzeichnet. Die Mikrotechnik nutzt Effekte, die erst durch Miniaturisierung möglich werden – z. B. geringere thermische Trägheit, veränderte Volumen/Oberflächen-Relationen – und vereint mit Bauteilabmessungen im mm/μm-Bereich Funktionalitäten aus Mikroelektronik, Mikromagnetik, Mikrooptik, Mikromechanik, Mikrofluidik. Abbildung 4.11 zeigt einige Beispiele.

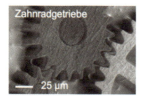  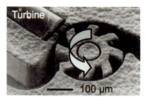

Abb. 4.11 Beispiele der Mikrotechnik

 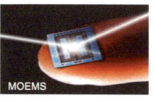

Abb. 4.12 Dimensionen der Mikrotechnik

Die Dimensionen der Mikrotechnik illustriert Abb. 4.12. Bei der Gestaltung von Bauteilen der Mikrotechnik sind „Größeneffekte" zu berücksichtigen. Sie bedeuten, dass beispielsweise die herkömmlichen Motoren und Getriebe nicht beliebig „herunterskaliert" werden können. Unterschreitet man in der Mikrotechnik eine gewisse Baugröße, so können sich Größenverhältnisse umkehren und (Stör-)Kräfte dominieren, die vorher aufgrund des höheren Gewichts zu bewegender Bauteile noch nicht relevant waren. Eine wichtige Auswirkung der Miniaturisierung von bewegten Bauelementen sind insbesondere steigende Stör-Adhäsionskräfte in Form elektrostatischer Kräfte und van-der-Waals Kräfte. Die Adhäsionskräfte sind abstandsabhängig und nehmen mit kleiner werdendem Abstand quadratisch zu. Werden die Bauteilabmessungen zu klein, so können Adhäsionskräfte bewirken, dass sich Bauteile nicht mehr allein von der Berühroberfläche zu bewegender Objekte lösen, sondern haften bleiben. Damit sind für mikrotechnische Systeme andere Gestaltungsprinzipien als für makrotechnische Systeme erforderlich.

MEMS sind mikroelektro-mechanische Systeme (Micro Electro-Mechanical Systems) für Bewegungsfunktionen, Abb. 4.13a. MEMS können in Funktionsgruppen unterteilt werden, die meist Regelkreise bilden und aus Modulen mit mechanisch-elektrisch-magnetisch-thermisch-optischen Bauelementen, Sensorik zur Erfassung von Messgrößen des Systemzustandes, Aktorik zur Regelung und Steuerung sowie Prozessorik und Informatik zur Informationsverarbeitung bestehen. Neben MEMS zur Realisierung von Mikro-Bewegungsfunktionen sind *MOEMS* (Micro Opto-Electro-Mechanical Systems) zur Modulierung und Darstellung „informationstragender optischer Strahlung" heute von großer Bedeutung, Abb. 4.13b. Wichtige Beispiele sind hier miniaturisierte Torsions- und Kippspiegel, die mittels elektrischer Anziehungskräfte (Elektro-Aktoren) eine Positionierung optischer Strahlengänge möglich machen.

4.3 Mikrotechnik

a
MEMS: Micro Electro-Mechanical Systems: Miniaturisierte Sensor-Aktor-Systeme mit mikromechanisch/elektronischen Bauelementen für technische Bewegungsfunktionen

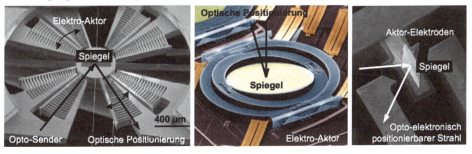

b
MOEMS, Micro Opto-Electrical-Mechanical Systems: Kombinationen von MEMS mit optischen Mikroelementen. Sie operieren mit Electro-Aktoren und dienen zur Positionierung optischer Strahlengänge. Anwendungen: optische Schalter, optische Displays, Bar Codes, etc,

Abb. 4.13 Beschreibung und Beispiele vom MEMS (oben) und MOEMS (unten)

Exkurs zur Nanotechnik: grundlegende Kennzeichen in Stichworten

Der Dimensionsbereich unterhalb der Mikrotechnik wird als „Nanotechnik" bezeichnet (1 Nanometer = 1/1000 Mikrometer). Die von dem Physiker und Nobelpreisträger Feynman begründete *Nanotechnik* befindet sich gegenwärtig im Forschungs- und Entwicklungsstadium.

Abbildung 4.14 beschreibt die Kennzeichen der Nanotechnik und zeigt Beispiele.

- **Nanotechnik:** Herstellung, Analyse, Manipulation von Objekten atomar/molekularer Abmessungen unter Nutzung physikalischer, chemischer und biologischer Prinzipien.
- **Nanotechnische Systeme**: technische Gebilde, deren Funktionen dominant von nanoskaligen Effekten der Systembausteine abhängig sind.
- **Eigenschaften von Nano-Objekten:** (a) Quantenmechanisches Verhalten (b) spezifische Volumen/Oberfläche-Relation (c) veränderte Nano/Makro-Stoffkenndaten
- **Beispiele: (A) Mechanik, Carbon-Tubes,** Eigenschaften: $\varnothing$ < 10 nm, Druckfestigkeit 2 x Kevlar, Zugfestigkeit 10 x Stahl, Steifigkeit 2000 x Diamant
(B) Elektronik, "Quantendraht" (C) Biologie/Elektronik, Nervenzelle auf Si-Struktur: Möglichkeit der elektronisch/ biologischen Signalkopplung

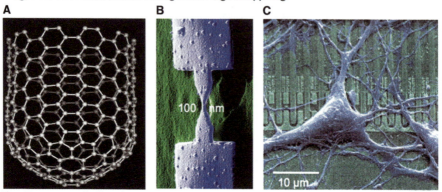

Das Rastertunnelmikroskop (Nobelpreis für Physik, Binnig und Rohrer, 1986) ist ein Beispiel innovativer Gerätetechnik für die Nanowissenschaft. Es ermöglicht heute die Abbildung von Materialoberflächen in millionenfach vergrößertem Maßstab.

1) Eine atomar feine Spitze rastert die Oberfläche der Probe ab.

2) Zwischen Spitze und Probe fließt ein konstanter Tunnelstrom:
- Abstand zur Oberfläche wird nachgeregelt und konstant gehalten
- Spitze folgt dem Höhenprofil

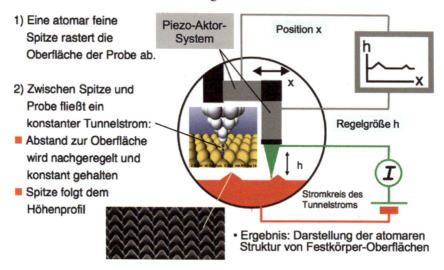

- Ergebnis: Darstellung der atomaren Struktur von Festkörper-Oberflächen

Abb. 4.14 Kennzeichen und Beispiele der Nanotechnik

4.4 Der Produktionszyklus

Der *Produktionszyklus der Technik* kennzeichnet den Weg der Rohstoffe und Werkstoffe zu Produkten und technischen Systemen, Abb. 4.15. In ökonomischer Hinsicht ist der von Produktionsmitteln (Kapital, Arbeit u. a.) zu begleitende Produktionskreislauf als wirtschaftliche *Wertschöpfungskette* zu betrachten. Der Produktionszyklus erfordert:

- Rohstoff/Werkstoff-Technologien zur Erzeugung von Werkstoffen und Halbzeugen,
- Konstruktionsmethoden und Fertigungstechnologien für Entwicklung, Design und Produktion von Bauteilen und technischen Systemen,
- Betriebs-, Wartungs- und Reparaturtechnologien zur Gewährleistung von Funktionalität, Sicherheit und Wirtschaftlichkeit, einschließlich Qualitätsmanagement,
- Recycling (notfalls Deponierung) zur ökologischen Schließung des Stoffkreislaufs.

> Produktion ist die Erzeugung von Sachgütern und nutzbarer Energie sowie die Erbringung von Dienstleistungen durch Kombination von Produktionsfaktoren. Produktionsfaktoren sind alle zur Erzeugung verwendeten Güter und Dienste. Aus volkswirtschaftlicher Sicht besteht der Zweck der Produktion im Überwinden der Knappheit von Gütern und Diensten zur Befriedigung menschlicher Bedürfnisse. Die Produktion steht als Erzeugungssystem der Konsumtion als Verbrauchersystem gegenüber (Günter Spur).

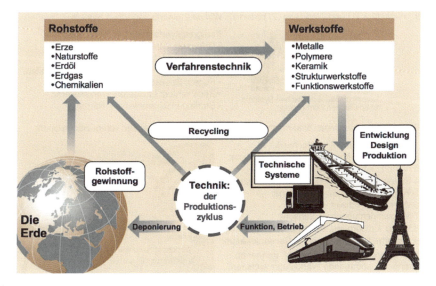

Abb. 4.15 Technologien für die Produktion technischer Erzeugnisse: der Produktionszyklus

Produktion gliedert sich in folgende Bereiche:

- Die Produktionstechnologie ist als Verfahrenskunde der Gütererzeugung die Lehre von der Umwandlung und Kombination von Produktionsfaktoren in Produktionsprozessen unter Nutzung materieller, energetischer und informationstechnischer Wirkflüsse.
- Produktionsmittel sind Anlagen, Maschinen, Vorrichtungen, Werkzeuge und sonstige Produktionsgerätschaften. Für sie existiert eine spezielle Konstruktionslehre, gegliedert in den Entwurf von Universal-, Mehrzweck- und Einzwecksystemen. Zur Produktionsmittelentwicklung gehört ferner die Erarbeitung geeigneter Programmiersysteme.
- Die Produktionslogistik umfasst alle Funktionen von Gütertransport und -lagerung im Wirkzusammenhang eines Produktionsbetriebes. Sie gliedert sich in die Bereiche Beschaffung, Produktion und Absatz.

Aufgabe der Produktionstechnik ist die Anwendung geeigneter Produktionsverfahren und Produktionsmittel zur Durchführung von Produktionsprozessen bei möglichst hoher Produktivität. Die Produktionstechnik betrifft den gesamten Prozess der Gütererzeugung. Durch Fertigungs- und Montagetechnik erfolgen die Formgebung der Werkstoffe zu Bauteilen und ihre Kombination zu gebrauchsfertigen Gütern. Die Fertigungstechnik bewirkt Formgebung sowie Eigenschaftsänderungen von Stoffen. Man kann abbildende, kinematische, fügende und beschichtende Formgebung sowie die Änderung von Stoffeigenschaften unterscheiden. Die Fertigungstechnik ist durch folgende generelle Merkmale gekennzeichnet, Abb. 4.16.

Fertigungstechnik, allgemeine Kennzeichen:

I. Fertigungsverfahren benötigen Relativbewegungen zur Werkstück-Formgebung
II. Werkstück (1) und Werkzeug (2) bilden als *Wirkpaar* ein tribologisches System

Beispiel eines tribologischen Systems zur spanenden Formgebung

Fertigungsverfahren (DIN 8580, Beispiele)
- Urformen: Giessen, Pressformen
- Umformen: Walzen, Schmieden,
- Trennen: Drehen. Bohren, Fräsen, Schleifen,
- Fügen: Schweißen, Löten Kleben,
- Beschichten: Lackieren, Galvanisieren,
- Stoffeigenschaftsändern: Härten.

III. Werkzeugmaschinen sind mechatronische Systeme mit folgenden Haupt-Baugruppen:

1 Gestell/Fundament → Mechanik
2 Führungen → Mechanik/Tribologie/Robotik
3 Antrieb → Elektromechanik/Fluidik
4 Steuerung → Regelungstechnik/Informatik
5 Werkstückwechsler → Mechanik
6 Werkzeugwechsler → Aktorik
7 Messeinrichtungen → Sensorik
8 Ver- u. Entsorgung →Energetik/Schmierung
9 Sicherheitseinrichtungen → Sensorik/Aktorik
Man unterscheidet umformende, trennende, spanende, abtragende Werkzeugmaschinen.

Abb. 4.16 Übersicht über die Kennzeichen der Fertigungstechnik

Tab. 4.2 Übersicht über Produktionstechnologien der Makro-, Mikro- und Nanotechnik

Fertigungsverfahren	Makrotechnik	Mikrotechnik	Nanotechnik
Trennen	Formänderung fester Körper durch Zerteilen, Zerlegen, Abtragen oder Zerspanen, z.B. Bohren, Drehen, Fräsen, Schleifen	Subtraktiv-Techniken • Mikro-Zerspanen mit Formdiamanten • Ätztechniken • Funkenerosion • Laser-Mikroablation	Additiv-Techniken „Nano-Fertigen" von Stoffen aus Atomen/Molekülen unter Anwendung der Nano-Positionierungstechnik
Urformen	Fertigen fester Körper aus formlosem Stoff	Mikro-Formtechniken • Abformverfahren • Heißprägen • Spritzgussverfahren	
Umformen	Formänderung bei Erhaltung von Masse und Kohäsion		
Fügen	Dauerhaftes Zusammenbringen von Werkstücken oder mit formlosen Stoff	Aufbau- und Verbindungstechniken • Laserstrahlfügen • Elektronenstrahlschweißen • Bonden • Löten • Kleben	
Beschichten	Aufbringen von fest haftenden Schichten aus formlosem Stoff auf Werkstücke, z.B. Galvanik, Emaillieren	Dünnschichttechniken • Aufdampfen • Sputtern • Physical Vapor Deposition • Chemical Vapor Deposition	
Stoffeigenschaftsändern	Fertigen fester Körper durch Umlagern, Aussondern oder Einbringen von Stoffteilchen	Lithographie, LIGA-Technik: • Lithographie + Galvanoformung + Abformung	

Neben der herkömmlichen Makro-Produktionstechnik mit Bauteilabmessungen vom Millimeter- bis zum Meter-Bereich sind im Zuge der Miniaturisierung technischer Produkte neue Mikro-Produktionstechniken entwickelt worden. Die Mikro-Produktionstechnik muss eine große Vielfalt von Materialien strukturieren: von Metallen und Legierungen über keramische Werkstoffe und Glas bis hin zu den Kunststoffen und den Partikel-, Faser- und Schichtverbundwerkstoffen. Dabei unterscheiden sich die Makro-Produktionstechnologien von den Mikro- und Nano-Produktionstechnologien wie die Übersicht von Tab. 4.2 zeigt.

4.5 Basistechnologien: Energie, Material, Information

Die **Energietechnik** befasst sich als interdisziplinäre Ingenieurwissenschaft mit den Technologien zur Gewinnung, Umwandlung, Speicherung und Nutzung von Energie. Grundlage der Energietechnik sind *Energieträger*. Ihr Energieinhalt wird entweder als Wärme für Haushalt und Industrie nutzbar oder durch mechanische, thermische, chemische Transformation als elektrische Energie (Stromproduktion) für Technik, Wirtschaft und Gesellschaft verfügbar gemacht. Photovoltaikanlagen wandeln Strahlungsenergie direkt in Elektrizität um. Bei einem *Kraftwerk* wird meist mechanische Energie mittels Generatoren in elektrische Energie überführt, die in der Regel in das Stromnetz eingespeist wird.

Die mechanische (kinetische) Energie zum Antrieb der Generatoren stammt aus Wasser- oder Windbewegungen oder nutzt – über Dampfturbinen oder Gasturbinen – thermische Energie aus der Sonnenstrahlung, der Verbrennung von Kohle, Erdöl, Erdgas, Biomasse, Müll oder der Kernenergie. Wichtige Rahmenbedingungen für die Energietechnik sind

a) die Verfügbarkeit von Energieträgern,
b) Umweltaspekte (z. B. Schadstoffemissionen),
c) die Energieeffizienz, das Verhältnis von Nutzenergie zur aufgewendeten Primärenergie, ausgedrückt als *Wirkungsgrad* $\eta = E_{Nutzen} / E_{Aufwand}$ in Prozent. Beispiele:
- Wärmeproduktion: Gasheizung 80–90 %, Kohleofen (Industrie) 80–90 %, Sonnenkollektor bis 85 %, Elektroherd (Haushalt) 50–60 %.
- Stromproduktion: Wasserkraftwerk 80–90 %, Gas/Dampfturbinenkraftwerk (Erdgas) 50–60 %, Kohlekraftwerk 25–50 %, Windkraftanlage bis 50 %, Kernkraftwerk 30 % (fiktiv), Solarzelle 5–25 %.

Energie ist nicht nur für die Technik, sondern ganz allgemein für die menschliche Existenz eine unabdingbar erforderliche Ressource. Allein um am Leben zu bleiben, benötigt der Mensch im weltweiten Mittel eine tägliche Nahrungszufuhr von mindestens 3000 Kilokalorien (kcal), was einen nahrungsbedingten Bedarf mit einem Energieäquivalent von jährlich etwa 1200 Kilowattstunden (kWh) bedeutet. Der gesamte Konsumbedarf des Menschen an Energie (Heizungswärme, Elektrizität, Treibstoffe, etc.) ist etwa 15fach höher anzusetzen. Bei einer Weltbevölkerung von ca. 7 Milliarden Menschen ergibt sich jährlich ein globaler Energiebedarf, der insgesamt auf etwa 140.000 Milliarden Kilowattstunden Primärenergie beziffert werden kann. Dies entspricht 17 Milliarden Tonnen Steinkohle-Einheiten (SKE). (Die Einheit SKE bezeichnet die Energiemenge, die beim Verbrennen eines Kilogramms Referenz-Steinkohle mit einem Heizwert von 7000 kcal/kg frei wird). Eine Million Tonnen SKE entspricht einem Energiewert von 29,3 Petajoule = $29,3 \cdot 10^{15}$ Joule. Der globale jährliche Energiebedarf kann damit auf etwa 500.000 Petajoule (PJ) geschätzt werden.

In Deutschland betrug 2010 der Primärenergiebedarf mit 14.044 Petajoule ca. 2,8 % des Weltenergiebedarfs und wurde durch Inlanderzeugung (25 %) und Import (75 %) wie folgt gedeckt (BMWi Energiedaten April 2012):

- Fossile Energie 78,2 %: Mineralöl 33,3 %, Erdgas 21,9 %, Steinkohle 12,2 %, Braunkohle 10,8 %
- Erneuerbare Energien 9,4 %: Biomasse 5,3 %, Biokraftstoffe 1,3 %, Windkraft 0,9 %, Abfälle + Deponiegas 0,8 %, Wasserkraft 0,5 %, Photovoltaik 0,3 %, Solarthermie 0,1 %, Wärmepumpe 0,1 %, Geothermie 0,01 %
- Kernenergie 10,9 %,
- Andere 1,5 %

4.5 Basistechnologien: Energie, Material, Information

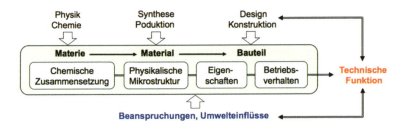

Abb. 4.17 Material als Basistechnologie für die Bauteile der Technik und ihre Funktion

Der Endenergieverbrauch erforderte 2010 – nach Abzug von nichtenergetischem Verbrauch (1,4 % der Primärenergie) und Umwandlungsverlusten (24,6 % der Primärenergie) – ein Energievolumen von 9060 Petajoule für die folgenden Nutzer: Industrie 28 %; Verkehr 28 %; Haushalte 29 %; Gewebe, Handel, Dienstleistungen 15 %.

Die Bruttostromerzeugung betrug 2011 in Deutschland 614,5 Milliarden kWh (15,7 % der Primärenergie) und wurde gedeckt durch: Fossile Energie mit 58 %, Kernenergie mit 18 %, Erneuerbare Energien mit 20 % (Windkraft 8 %, Wasserkraft 3 %, Photovoltaik 3 %, Biomasse 5 %, Hausmüll 1 %) und Sonstiges mit 4 %.

Material ist die zusammenfassende Bezeichnung für alle natürlichen und synthetischen Stoffe. *Werkstoffe* im engeren Sinne nennt man Materialien im festen Aggregatzustand. Für die Aufgaben der Technik wird *Materie* durch Synthese- und Produktionstechnologien in technisch verwendbares *Material* überführt und durch Design und Konstruktion zu *Bau*teilen für die zu erfüllende technische Funktion gestaltet, Abb. 4.17. Die Eigenschaften und das Betriebsverhalten der Bauteile müssen funktions- und beanspruchungsgerecht sein.

In der Technik werden folgende Materialklassen als „Ingenieurwerkstoffe" verwendet:

- *Naturstoffe*: Bei den als Werkstoff verwendeten Naturstoffen wird unterschieden zwischen mineralischen Naturstoffen (z. B. Marmor, Granit, Sandstein; Glimmer, Saphir, Rubin, Diamant) und organischen Naturstoffen (z. B. Holz, Kautschuk, Naturfasern). Die Eigenschaften vieler mineralischer Naturstoffe, z. B. hohe Härte und gute chemische Beständigkeit, werden geprägt durch starke Hauptvalenzbindungen und stabile Kristallgitterstrukturen. Die organischen Naturstoffe weisen meist komplexe Strukturen mit richtungsabhängigen Eigenschaften auf.
- *Metalle*: Sie besitzen eine Mikrostruktur mit frei beweglichen Elektronen (*Elektronengas*). Die Atomrümpfe werden durch das Elektronengas zusammengehalten. Die freien Valenzelektronen des Elektronengases sind die Ursache für die hohe elektrische und thermische Leitfähigkeit sowie den Glanz der Metalle. Die metallische Bindung – als Wechselwirkung zwischen der Gesamtheit der Atomrümpfe und dem Elektronengas – wird durch eine Verschiebung der Atomrümpfe nicht wesentlich beeinflusst. Hierauf beruht die gute Verformbarkeit der Metalle. Die Metalle bilden in der Technik die wich-

tigste Gruppe der Konstruktions- oder Strukturwerkstoffe, bei denen es vor allem auf die mechanischen Eigenschaften ankommt.
- *Halbleiter*: Eine Übergangsstellung zwischen den Metallen und den anorganisch-nichtmetallischen Stoffen nehmen die Halbleiter ein. Ihre wichtigsten Vertreter sind die Elemente Silizium und Germanium mit kovalenter Bindung und Diamantstruktur sowie die ähnlich aufgebauten Halbleiter Galliumarsenid (GaAs) und Indiumantimonid (InSb). In den am absoluten Nullpunkt nichtleitenden Halbleitern können durch thermische Energie oder durch Dotierung mit Fremdatomen einzelne Bindungselektronen freigesetzt werden und als Leitungselektronen zur elektrischen Leitfähigkeit beitragen. Halbleiter stellen wichtige Funktionswerkstoffe für die Elektronik dar.
- *Anorganisch-nichtmetallische Stoffe*: Die Atome werden durch kovalente Bindung und Ionenbindung zusammengehalten. Aufgrund fehlender freier Valenzelektronen sind sie grundsätzlich schlechte Leiter für Elektrizität und Wärme. Da die Bindungsenergien erheblich höher sind als bei der metallischen Bindung, zeichnen sich anorganisch-nichtmetallische Stoffe, wie z. B. Keramik, durch hohe Härten und Schmelztemperaturen aus. Eine plastische Verformung wie bei Metallen ist analog nicht begründbar, da bereits bei der Verschiebung der atomaren Bestandteile um einen Gitterabstand theoretisch eine Kation-Anion-Bindung in eine Kation-Kation- oder Anion-Anion-Abstoßung umgewandelt der eine gerichtete kovalente Bindung aufgebrochen werden muss.
- *Organische Stoffe*: Organische Stoffe, deren technisch wichtigste Vertreter die Polymerwerkstoffe sind, bestehen aus Makromolekülen, die im Allgemeinen Kohlenstoff in kovalenter Bindung mit sich selbst und einigen Elementen niedriger Ordnungszahl enthalten. Deren Kettenmoleküle sind untereinander durch (schwache) zwischenmolekulare Bindungen verknüpft, woraus niedrige Schmelztemperaturen resultieren (Thermoplaste). Sie können auch chemisch miteinander vernetzt sein und sind dann unlöslich und unschmelzbar (Elastomere, Duroplaste).
- *Verbundwerkstoffe*: Sie werden mit dem Ziel, Struktur- oder Funktionswerkstoffe mit besonderen Eigenschaften zu erhalten, als Kombination mehrerer Phasen oder Werkstoffkomponenten in bestimmter geometrisch abgrenzbarer Form aufgebaut, z. B. in Form von Dispersionen oder Faserverbundwerkstoffen.

Die Technik benötigt Materialien mit unterschiedlichen Eigenschaftsprofilen. Bei *Strukturwerkstoffen* stehen die mechanisch-thermischen Eigenschaften wie z. B. Festigkeit, Korrosions- und Verschleißbeständigkeit, im Vordergrund. *Funktionswerkstoffe* sind Materialien, die besondere funktionelle Eigenschaften, z. B. physikalischer und chemischer Art, für technische Bauteile, wie optische Gläser, Halbleiter, Magnetwerkstoffe, nutzen. Grunderfordernis für die technische Funktion ist, dass Festigkeit und Beständigkeit der Bauteile qualitativ und quantitativ äußeren Beanspruchungen (mechanisch, tribologisch, thermisch, elektrochemisch, elektromagnetisch, biologisch) widerstehen, damit die technische Funktion erfüllt ist und kein Versagen auftritt.

4.5 Basistechnologien: Energie, Material, Information

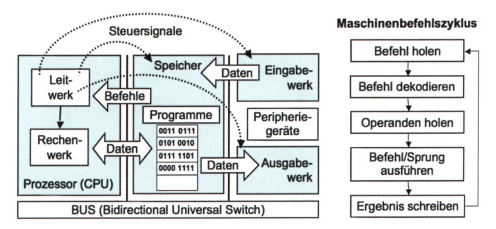

Abb. 4.18 Computertechnik: Aufbau eines Rechners und funktioneller Befehlszyklus

Information ist heute neben Energie und Material die dritte Basistechnologie. Die Informations- und Kommunikationstechnik operiert heute weltweit über das Internet. Das Internet (englisch *interconnected network*) ist ein globales Rechnernetzwerk durch das Daten ausgetauscht werden können. Es ermöglicht über technisch normierte Internet-Protokolle – entwickelt von der Internet Engineering Task Force (IETF) – die Nutzung von Internetdiensten, wie z. B. E-Mail und zunehmend auch Telephonie, Radio und Fernsehen. Im Prinzip kann zum Informationsaustausch jeder Rechner weltweit mit jedem anderen Rechner verbunden werden.

Rechner (Computer) sind die Werkzeuge der Informations- und Kommunikationstechnik. Wegen ihrer zentralen Bedeutung für die gesamte Technik wird kurz Aufbau und Funktion beschrieben, Abb. 4.18.

Computer besitzen meist eine Von-Neumann-Architektur mit folgenden Komponenten:

- Rechenwerk (Arithmetic Logic Unit, ALU): Es führt die grundlegenden Rechenoperationen und logischen Verknüpfungen aus.
- Leitwerk (Control Unit): Es liest jeweils einen Befehl aus dem Speicher, dekodiert ihn und sendet die entsprechenden Steuersignale an das Rechen-, Speicher- und Ein/Ausgabewerk.
- Speicherwerk (Memory): Es hat nummerierte Zellen gleicher Größe und speichert Daten und Programme (Die Maßeinheit 1 *Byte* bezeichnet die Datenmenge 8 Bit).
- Prozessor (Central Processing Unit, CPU): Integration von Rechen- und Leitwerk auf einem Chip, häufig auch zusammen mit *Caches*, schnellen Zwischenspeichern.
- Ein/Ausgabewerk (I/O Unit): Es steuert die Peripheriegeräte. Dazu zählen Bildschirm, Tastatur und Maus sowie Hintergrundspeicher und Netzanbindung.
- Komponenten-Verbindungssystem (Bidirectional Universal Switch, BUS).

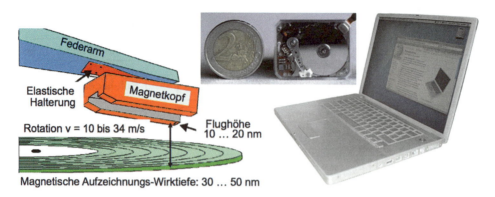

Abb. 4.19 Funktionsprinzip und Kenndaten eines Computer-Festplattenlaufwerks

Die magneto-mechanische Datenspeichertechnik basiert physikalisch auf der „0-1-Magnetisierung" von Mikrodomänen (siehe Abschn. 3.7). Für eine hohe Speicherdichte muss der Schreib/Lese-Kopf möglichst dicht – aber durch einen Luftspalt aerodynamisch getrennt – über die Festplatte geführt werden. Die erforderliche Aerodynamik wird durch eine geeignete konstruktive Gestaltung des Systems und passende operative Variable realisiert, Abb. 4.19.

4.6 Technische Systeme

In den Technikwissenschaften wird heute für technische Erzeugnisse der allgemeine Begriff *Technisches System* statt der uneinheitlich gebrauchten und schwer abgrenzbaren Ausdrücke „Maschine", „Gerät", „Apparat" u. ä. verwendet. Die systemtechnische Methodik kombiniert Methoden aus Biologie, Kybernetik und Informationstheorie (begründet von Ludwig von Bertalanffy, Norbert Wiener und Claude Shannon) und wendet sie auf die Technik an,

Die Kennzeichen technischer Systeme können in vereinfachender Weise wie folgt beschrieben werden:

- Jedes System hat eine Struktur aus interaktiven Systemelementen (Bauteilen), bestehend aus geeigneten Struktur- und Funktionswerkstoffen.
- Die Systemelemente lassen sich durch eine zweckmäßig definierte virtuelle Systemgrenze von der Umgebung (oder anderen Systemen) abgrenzen, um sie modellhaft isoliert betrachten zu können.
- Die in das System eintretenden Eingangsgrößen (Inputs) werden über die Systemelemente der Systemstruktur in Ausgangsgrößen (Outputs) überführt.
- Die Variablen der Inputs und Outputs können den drei Grundkategorien *Material, Energie, Information* zugeordnet werden.

4.6 Technische Systeme

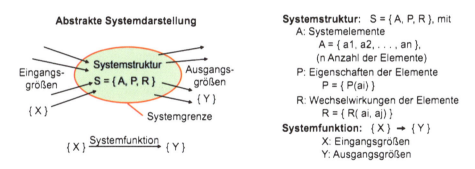

Abb. 4.20 Abstrakte Systemdarstellung mit Präzisierung der Begriffe der Systemstruktur und der Systemfunktion

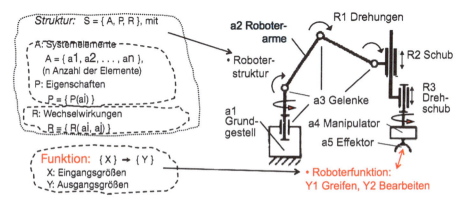

Abb. 4.21 Systemdarstellung eines Industrieroboters als universelles mechatronisches System

- Die Funktion eines Systems wird beschrieben durch Input/Output-Beziehungen zwischen *operativen Eingangsgrößen* und *funktionellen Ausgangsgrößen*; sie kann beeinflusst werden durch Störgrößen und Dissipationseffekte.
- Für die Gestaltung technischer Systeme gilt die Grundregel *Structure follows Function* (Peter Drucker).

Eine abstrakte Darstellung technischer Systeme zeigt Abb. 4.20. Zur Präzisierung sind die Systembegriffe in formelmäßiger Form aufgeführt.

Als konkretes Beispiel ist in Abb. 4.21 ein Industrieroboter mit abstrakter Systemdarstellung und einer Skizze der technischen Ausführung vereinfacht illustriert.

Kategorien technischer Systeme

Technische Systeme können nach ihrer Systemfunktion und den zugehörigen Inputs in drei Kategorien eingeteilt werden.

- Materialbasierte technische Systeme
  - Aufgabe: Stoffe gewinnen, bearbeiten, transportieren, etc.
  - Beispiel: Chemieanlage, Produktionsanlage, Logistiksystem
- Energiebasierte technische Systeme
  - Aufgabe: Energie umwandeln, verteilen, speichern, nutzen, etc.
  - Beispiel: Kraftwerk, Stromversorgung, Antriebssystem
- Informationsbasierte technische Systeme
  - Aufgabe: Informationen generieren, verarbeiten, übertragen, speichern, etc.
  - Beispiel: Computer, Audio/Video-System, Internet.

Als Prozess wird die Gesamtheit der systeminternen Vorgänge bezeichnet, durch die Material, Energie und Information umgeformt, transportiert oder gespeichert wird (DIN 19222, Leittechnik). Beispiele aus den elementaren Kategorien technischer Systeme nennt Abb. 4.22.

4.7 Die Grundlagen der Ingenieurwissenschaften

Die Technik wird gestaltet von Ingenieuren. Durch die europäische Hochschulreform (Bologna-Prozess) wurden für Ingenieure die Berufsbezeichnungen *Bachelor of Engineering (B.Eng.)* und *Master of Engineering (M.Eng.)* eingeführt. Der Master of Engineering soll den bisherigen, ursprünglich nur von deutschen Technischen Hochschulen und Technischen Universitäten verliehenen Grad *Diplomingenieur* ersetzen.

Ingenieurwissenschaften werden die Wissenschaften genannt, die sich mit der Forschung, der technischen Entwicklung, der Konstruktion und Produktion technischer Produkte und technischer Systeme beschäftigen. Die klassischen Ingenieurwissenschaften sind das *Bauwesen*, der *Maschinenbau*, die *Elektrotechnik* und die *Fertigungstechnik*. Neuere Studiengänge sind die *Feinwerktechnik*, die *Energietechnik*, das *Chemieingenieurwesen*, die *Verfahrenstechnik,* die *Umwelttechnik* und die *Technische Informatik*. Im 20. Jahrhundert wurden entsprechend den wachsenden Bedürfnissen von Technik, Wirtschaft und Gesellschaft neue interdisziplinäre Studiengänge geschaffen, z. B. die *Mechatronik* als Kombination von Mechanik – Elektronik – Informatik oder das *Wirtschaftsingenieurwesen*: Kombination der Wirtschaftswissenschaften (Betriebswirtschaftslehre, Volkswirtschaftslehre) und der Rechtwissenschaften mit einer oder mehreren Ingenieurwissenschaften zu einem eigenen Wissensgebiet.

Das Buch TECHNOLOGIEFÜHRER: GRUNDLAGEN, ANWENDUNGEN, TRENDS (Springer 2007), das unter Mitarbeit von etwa 200 Experten aus Forschung, Hochschulen und Industrie erarbeitet wurde, stellt die Technikkenntnisse auf etwa 100 Teilgebieten mit einer Gliederung in die folgenden, heute bedeutendsten Technologiefelder dar:

- Materialien
- Elektronik/Photonik/Mikrotechnik

4.7 Die Grundlagen der Ingenieurwissenschaften

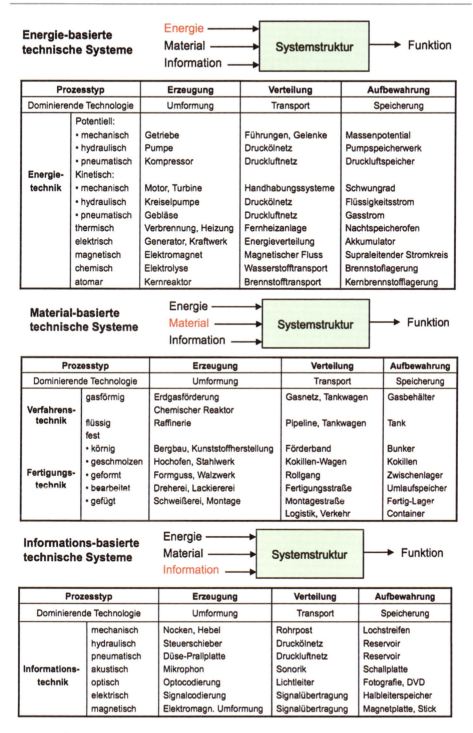

Abb. 4.22 Übersicht über die grundlegenden Kategorien technischer Systeme

Abb. 4.23 Die Grundlagenfächer der Ingenieurwissenschaften dargestellt als „Wissenskreis"

- Informations- und Kommunikationstechnologien
- Biologische Technologien
- Gesundheit und Ernährung
- Kommunikation und Wissen
- Mobilität und Transport
- Energie und Ressourcen
- Bauen und Wohnen
- Freizeit und Lebensstil
- Produktion und Unternehmen
- Sicherheit und Verteidigung
- Umwelt und Natur.

Orientiert am Stand von Wissenschaft und Technik im 21. Jahrhundert und den Lehrplänen der Technischen Universitäten und Hochschulen können die *Grundlagen der Ingenieurwissenschaften* in einem „Wissenskreis" mit vier Bereichen von Einzeldisziplinen dargestellt werden (HÜTTE – DAS INGENIEURWISSEN, Springer 2012):

1. Mathematisch-naturwissenschaftliche Grundlagen
    - *Mathematik und Statistik, Physik, Chemie*
2. Technologische Grundlagen
    - *Werkstoffe, Technische Mechanik, Technische Thermodynamik*
    - *Elektrotechnik, Messtechnik, Regelungs- und Steuerungstechnik,*
    - *Technische Informatik*
3. Grundlagen für Produkte und Dienstleistungen
    - *Entwicklung und Konstruktion, Produktion*
4. Ökonomisch-rechtliche Grundlagen
    - *Betriebswirtschaft, Management, Normung, Recht, Patente*

Die für interdisziplinäre Ingenieurwissenschaften erforderlichen Einzeldisziplinen können gemäß Abb. 4.23 modulartig aus dem Wissenskreis zusammengestellt werden. Abbil-

Abb. 4.24 Grundlagenfächer für Wirtschaftsingenieurwesen und Mechatronik, ausgewählt aus dem Wissenskreis

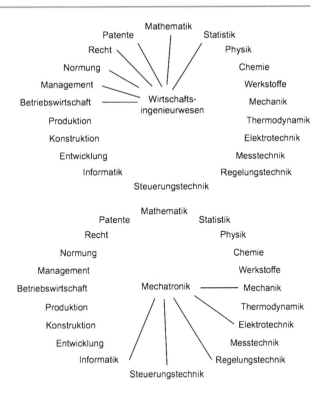

dung 4.24 illustriert dies für die Beispiele des Wirtschaftsingenieurwesens und der Mechatronik.

4.8 Innovationen der Technik

Der Beginn der neuzeitlichen Entwicklung der Technik wird markiert durch bahnbrechende Erfindungen:

- Dampfmaschine, James Watt (1769)
- Stromgenerator und Elektromotor, Werner von Siemens (1866)
- Automobil, Carl Benz (1888), Rudolf Diesel (1897), Henry Ford (1903)
- Flugzeug, Hugo Junkers (1915)
- Computer, speicherprogrammierbar, John von Neumann (1945)
- Transistorelektronik, John Bardeen, Walter Brattain, William Shockley (1948).

Wichtige neue „Querschnittstechnologien" im 20. Jahrhundert sind

- die *Sensorik*: Erfassung (nichtelektrischer) Funktionsgrößen technischer Systeme und ihre Umwandlung in elektrische Größen, die sich elektronisch verarbeiten lassen und

damit der Steuerungs- und Regelungstechnik sowie der Automation neue Möglichkeiten eröffnen,
- die *Digitaltechnik*: Überführung der Wort- und Bildinhalte von Wissenschaft, Kunst und Technik durch Abtastung Rasterung und Quantisierung sowie Anwendung der *Booleschen Algebra* in diskrete Werte (Binärcodes), die sich zuverlässig speichern und „lesen" lassen (CD, Halbleiterspeicher, Festplatte) und die heutige Kommunikations- und Informationstechnik mit dem globalen *Internet* möglich machen.

Es wird angenommen, dass mit Beginn des 21. Jahrhunderts es möglich wurde, mehr Information digital als analog zu speichern, was schlagwortartig als Beginn des „Digitalen Zeitalters" bezeichnet wird.

Innovationen durch neue Werkstoffe

Neue Werkstoffe – entwickelt durch Materialforschung und Materialtechnik – sind die Basis für neue Industrie- und Wirtschaftsbereiche, die in den letzten Jahrzehnten entstanden:

- *Aluminiumlegierungen* – entwickelt in den 1920er Jahren mit 1/3 des Gewichtes von Stahl – machen Leichtbau, Flugzeugbau, Luftfahrtindustrie und globalen Luftverkehr möglich.
- *Hartmetalle* steigern seit den 1930er Jahren die Produktivität der industriellen Fertigungstechnik durch große Erhöhung von Schnittgeschwindigkeiten und Werkzeugstandzeiten.
- *Polymere* schaffen seit den 1940er Jahren bedeutende Industriezweige der Kunststofftechnik, carbonfaserverstärkte Polymere sind fester als Stahl und nur 1/5 so schwer.
- *Superlegierungen* führen seit den 1950er Jahren zu fortschrittlichen Entwicklungen der stationären und der mobilen Turbinen- und Düsentriebwerke mit erheblichen Steigerungen der thermischen Wirkungsgrade für die Energietechnik und die Flugzeugtechnik.
- *Halbleiter* begründen seit den 1960er Jahren durch neue elektronische, magnetische und photonische Bauelemente die Elektronik-, Kommunikations- und Informationsindustrie.
- *Hochleistungskeramik* ist seit den 1970er Jahren die Basis für strukturelle und funktionelle Bausteine bei Weiterentwicklungen in vielen „High-Tech-Bereichen".
- *Biomaterialien* mit verbesserter Biokompatibilität erhalten in der 1980er Jahren in der Medizintechnik als Implantatmaterial oder Organersatz eine zunehmende Bedeutung.
- *Nanomaterialien* sind in den 1990er Jahren interessante Werkstoffentwicklungen mit vielfältigen technischen Anwendungspotenzialen in der Mikro- und Nanotechnik.
- *Touch-Screen-Materialien* mit taktil-elektronischer Signalwandlung bilden mit Beginn des 21. Jahrhunderts eine Schlüsseltechnologie für neue IT-Geräte.

4.8 Innovationen der Technik

Die technologische und volkswirtschaftliche Bedeutung von Materialien liegt vor allem in den Produkt- und Systeminnovationen, die sie ermöglichen und wurde vom Wissenschaftsrat in einer Studie zur Materialforschung wie folgt gekennzeichnet (WR, Köln 1996).

Leistungsfähigkeit, Wirtschaftlichkeit und Akzeptanz industrieller Produkte und Systeme hängen entscheidend von den eingesetzten Materialien ab. Die zentrale Rolle von Materialien und maßgeschneiderten Werkstoffen für die Entwicklung zukunftsorientierter Technologien ist einer breiten Öffentlichkeit jedoch kaum bewusst und wird oft verkannt, da die eingesetzten Materialien vielfach hinter das fertige System oder das Endprodukt zurücktreten. Der Wert, der durch den Einsatz neuer Materialien erzielt werden kann, zeigt sich erst anschließend auf den weiteren Wertschöpfungsstufen. Innovationen in der Materialentwicklung oder auch auf der Verfahrensebene wirken sich häufig auf unterschiedlichen Technologiefeldern aus.

Mechatronik

Der Begriff *Mechatronik* wurde in den 1960er Jahren in Japan geprägt. Er ist heute weltweit eingeführt und kennzeichnet das Zusammenwirken von Mechanik – Elektronik – Informatik.

- *Mechatronik: Interdisziplinäres Gebiet der Ingenieurwissenschaften, das auf Maschinenbau, Elektrotechnik und Informatik aufbaut. Im Vordergrund steht die Ergänzung und Erweiterung mechanischer Systeme durch Sensoren und Mikrorechner zur Realisierung teilintelligenter Produkte und Systeme* (Brockhaus).
- *Virtually every newly designed engineering product is a mechatronics system.* (Textbook MECHATRONICS, McGraw-Hill, 2003).

Mechatronische Systeme haben eine mechanische Grundstruktur, die je nach geforderter Funktionalität – gekennzeichnet durch Eingangsgrößen und Ausgangsgrößen – mit mechanischen, elektronischen, magnetischen, thermischen, optischen und weiteren funktionell erforderlichen Bauelementen verknüpft ist. Sensoren ermitteln funktionsrelevante Messgrößen und führen sie, umgewandelt in elektrische Führungsgrößen, Prozessoren zu. Die Prozessoren erzeugen zusammen mit Aktoren daraus Stellgrößen zur Optimierung der Funktionalität des Systems. Abbildung 4.25 zeigt den Aufbau mechatronischer Systeme.

Die funktionelle Kombination von Mechanik-Elektronik-Informatik wird am Beispiel des „Smartphone" illustriert, das seit 2007 als *iPhone* weltweit millionenfach im Gebrauch ist. Es kombiniert mit einem taktilen *Touch-Screen* und elektronisch-magnetischen „Hightech-Werkstoffen" Funktionalitäten von *Mobiltelefon, Tablet-Computer,* und *Digital/Video-Kamera*. Die Bildlageautomatik arbeitet mechatronisch und nutzt die Wirkung der stets senkrecht gerichteten mechanischen Gravitation, Abb. 4.26.

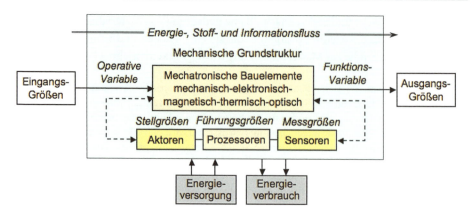

Abb. 4.25 Der allgemeine Aufbau mechatronischer Systeme

Die stille Revolution der Mechatronik

Unter dieser Überschrift erläuterte ein Wissenschaftsmagazin mit wichtigen Beispielen aus mehreren Technikbereichen die Entwicklung der Mechatronik zur „Zukunftswissenschaft":

- Mechatronik im Automobil: In den Anfängen der Automobiltechnik kam ein PKW mit 3 Elektromotoren für Anlasser, Lichtmaschine und Scheibenwischer aus. Mit der Entwicklung des Anti-Blockier-Systems, ABS, 1978/79 haben mechatronische Komponenten in den Fahrzeugbau Einzug erhalten. Die Anti-Schlupf-Regelung, ASR, und das Elektronische Stabilitätsprogramm, ESP, sind zwei weitere von vielen Neuerungen, die den Kraftstoffverbrauch gesenkt und die Sicherheit erhöht haben. 95 Prozent der in Deutschland getretenen Pedale leiten die Bremswünsche als „brake-by-wire", d. h. via Kabel an elektronische Steueranlagen weiter. Die Maschine reagiert in der Regel 400 Millisekunden schneller als der Fahrer. Mechatronik ist die Triebfeder in der Automobilindustrie: 30 Prozent der Herstellungskosten und 90 Prozent aller Innovationen eines neuen PKW entfallen heute auf mechatronische Systeme. Rund 75 Steuerprozessoren verarbeiten circa 200 Megabyte Software. Organisiert in 5 Netzwerken bewegen sie bis zu 150 Elektromotoren für Komfort und Sicherheit. Wichtige Systeme sind immer redundant eingebaut, um mögliche Ausfälle eines einzelnen Systems zu kompensieren. Ein moderner PKW ist das Ergebnis einer 25-jährigen mechatronischen Evolution und die ist noch lange nicht zu Ende. Ein Beispiel der Mechatronik im Automobil ist die Bremsoptimierung durch ABS, einer mechatronischen „Stotterbremse". Sensoren erfassen die Kenngrößen der Fahrdynamik. Bei einer Blockiertendenz der Räder ergehen von der Steuerelektronik (*Controller Area Network*, CAN) Stellbefehle an einen Aktor, der den Bremsdruck senkt, die Bremswirkung reduziert und die Lauffunktion jeden Rades einzeln optimiert, Abb. 4.27.

4.8 Innovationen der Technik

Smartphone mit Bildlageautomatik durch mechatronischen Mikrosensor

a

Funktion:
(a) Gerät senkrecht, Sensor waagerecht. Keine Gravitationskraftwirkung auf die bewegliche Masse m. Die elektrischen Kapazitäten C1, C2 des Mikro-Sensors sind gleich, d. h. $\Delta C = 0$.
(b) Gerät waagerecht und Sensor senkrecht. Die Gravitationskraft wirkt auf die bewegliche Masse, so dass C1 ≠ C2, die Differenz ΔC bewirkt das Steuersignal für das waagerechte Bild.

b

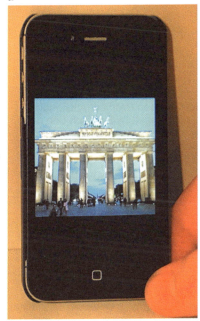
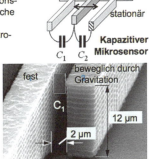

Abb. 4.26 Das Smartphone und die Anwendung eines mechatronischen Moduls zur Bildlagenautomatik

- Mechatronik in der Luft: Moderne Flugzeuge sind mit „fly-by-wire" ausgestattet. Der Ausschlag des Steuers wird nicht mehr direkt in eine Ruderbewegung umgesetzt. Der Pilot gibt den neuen Kurs in den Computer ein. In Sekundenbruchteilen ermittelt der die optimalen Ruderbewegungen unter Berücksichtigung aller Nebeneffekte. Geschwindigkeitsänderungen durch das Ausfahren des Fahrwerks oder Turbulenzen verursachen eine Änderung des Auftriebs an den Tragflächen und damit eine Kursänderung. Das Fly-by-Wire gleicht diese Veränderungen automatisch aus. Der Pilot erhält so mehr Zeit für die Überwachung der anderen Instrumente. Die Manövrierfähigkeit der „Fly-by-wire"-Flugzeuge hat mit einer Drehrate von 15 Grad pro Sekunde fast „Kampfjet-Charakter". Um einem Ausfall vorzubeugen sind mechatronische Systeme in Flugzeugen dreifach redundant eingebaut.
- Mechatronik für die Robotertechnik: Roboter sind Mechatronik pur. Sie vereinen Mechanik, Kinematik, Informatik und Elektrik in sich. Beim Bau eines Roboters muss interdisziplinär – also mechatronisch gedacht werden. Die Bedeutung der Roboter wird weiter zunehmen. Eine „technische Revolution" haben vollautomatische Systeme in der produzierenden Industrie ausgelöst. Das Ergebnis dieser Entwicklungen: der sechsach-

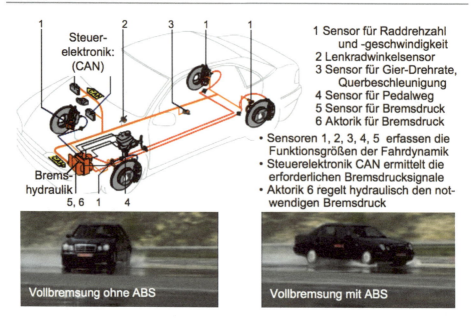

Abb. 4.27 Die Anwendung der Mechatronik zur Bremsoptimierung von Automobilen

sige Roboterarm. Flexibler als ein menschlicher Arm kann ihm fast jeder Arbeitsablauf einprogrammiert werden. Ein funktionaler Umbau ist mit dem einfachen Austauschen der „Werkzeughand" erledigt. Produktivität bedeutet viele Teile pro Zeiteinheit mit konstanter Qualität herzustellen. Mit Mechatronik produziert heute z. B. eine vollautomatische Fertigungsstraße alle 16 Sekunden ein pneumatisches Ventil in 60 einzelnen Arbeitsschritten. 3000 gefertigte Ventile pro Tag entsprechen einem Produktionszuwachs von 1000 Prozent gegenüber 300 Stück bei manueller Herstellung. Der Weltmarkt fordert Produktionsanlagen, die hochkomplexe Aufgaben schnell erledigen, dabei aber einfach zu bedienen und robust sind. Bei gut eingesetzter Mechatronik ist das komplizierte Zusammenspiel von Elektrik, Pneumatik, Mechanik und Informatik nicht zu erkennen.

Technische Infrastruktur

Die Mechatronik durchdringt heute mit der Kombination Mechanik–Elektronik–Informatik die gesamte Technik bis hin zur öffentlichen technischen Infrastruktur. Abbildung 4.28 illustriert die Funktion eines Fahrscheinautomaten. Der taktile Input des Fahrziels am Touchscreen startet im „Mensch-Maschine Dialog" die Sensorik-Aktorik-Prozessorik und führt zum Output von Fahrschein und Wechselgeld. Dieses mechatronische System steht

4.8 Innovationen der Technik

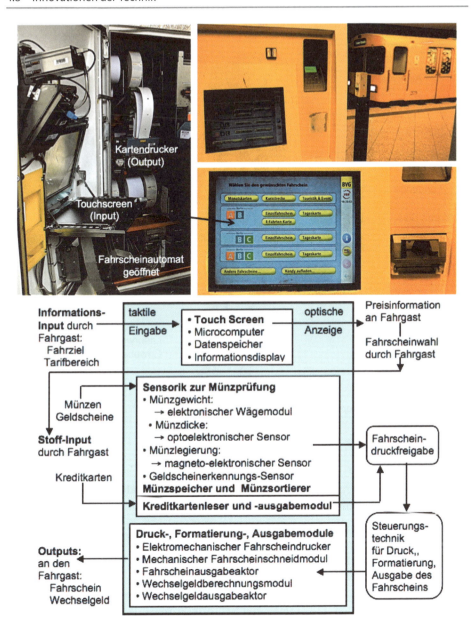

Abb. 4.28 Mechatronik in der öffentlich-technischen Infrastruktur, Beispiel Fahrscheinautomat

allein in Berlin mehr als 700-mal. Es liefert im Großstadt-Verkehrsbetrieb von S-Bahn, U-Bahn, Straßenbahn und Bussen täglich viele Tausend fahrgastspezifisch für individuelle Fahrziele ausgedruckte Fahrscheine und ist ein wichtiger Bestandteil der öffentlichen technischen Infrastruktur.

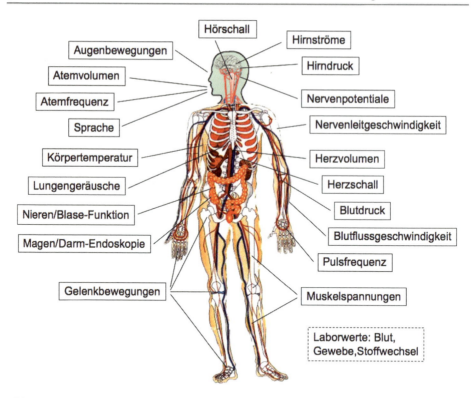

Abb. 4.29 Körperfunktionen des Menschen und die sie kennzeichnenden Biosignale

Medizintechnik

Medizintechnik ist die Anwendung der Prinzipien, Methoden und Verfahren der Technik auf Mensch und Medizin. Der technische Gegenstand der Medizintechnik sind *Medizinprodukte*: *Instrumente, Apparate, Vorrichtungen, Stoffe oder andere Gegenstände, die zur Erkennung (Diagnostik), Verhütung (Prävention), Überwachung (Monitoring)) und Behandlung (Therapie) von Erkrankungen beim Menschen oder zur Wiederherstellung der Gesundheit (Rehabilitation) bestimmt sind* (EU-Richtlinie 93/42/EWG).

Medizinprodukte sind *Mechatronische Systeme*. Sie bestehen aus Mechanik/Elektronik/Informatik-Komponenten und arbeiten mit Sensorik/Prozessorik/Aktorik-Funktionselementen. In ihren medizintechnischen Anwendungen durch den Arzt stehen sie in Wechselwirkung mit dem Mensch als Patient – insbesondere bei Diagnostik, Monitoring und Rehabilitation. Grundlage für die Anwendungen der Medizintechnik sind die diagnostisch erfassbaren und therapeutisch zu beeinflussenden *Körperfunktionen und Biosignale des Menschen,* Abb. 4.29.

Biosignale kennzeichnen die medizintechnisch relevante Körperfunktionen des Menschen und können mit *Biosensorik* in systemtechnischer Diagnostik als *Funktionsgrößen*

4.8 Innovationen der Technik

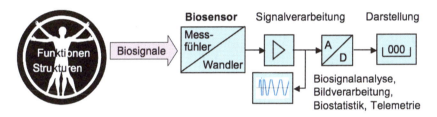

Abb. 4.30 Prinzipdarstellung eines Biosensors in einer biologischen Messkette

(wie z. B. Druck, Strömungsgeschwindigkeit, akustische Geräusche, Temperatur, elektrische Potentiale) und *Strukturgrößen* (wie z. B. Organabmaße, Volumina, Elastizität, Viskosität) erfasst werden.

Biosignale werden beschrieben – wie die Signalfunktionen in Physik und Technik – durch Signalform, Frequenz, Amplitude und den Zeitpunkt ihres Auftretens. Ihr Zeitverhalten kann stationär, dynamisch, periodisch, diskret oder stochastisch sein. In medizintechnischen Anwendungen werden Biosensoren mit messtechnischen Komponenten der Signalverarbeitung zusammengeschaltet und bilden damit eine *biologische Messkette*, Abb. 4.30.

Die medizinische Gerätetechnik spielt im heutigen Gesundheitswesen eine zentrale Rolle. Dies gilt sowohl bei der Diagnose und Therapie von Krankheiten als auch bei der Überwachung des Krankheits- bzw. Behandlungsverlaufes. Der eigentliche diagnostische Befund wird immer vom verantwortlichen Arzt gestellt, dabei unterstützt ihn eine Vielzahl technologischer Verfahren und Geräte. Technologisch ist die medizinische Gerätetechnik außerordentlich vielfältig, sie gliedert sich in zwei große Bereiche:

- *Körpersensorik* für Körperfunktionen, z. B. elektrophysikalische Messungen von Herz- oder Hirnfunktionen, EKG, Blutdrucksensorik,
- *Bildgebende Verfahren*, z. B. Röntgendiagnostik, Sonographie (Ultraschalldiagnostik), Computertomographie, Kernspintomographie.

Die Anwendung der Medizintechnik wird – mit den für das Verständnis erforderlichen technologischen Einzelheiten – durch die Beispiele (a) Blutdrucksensorik und (b) Tomographie erläutert.

a) Blutdrucksensorik
Blutdruck ist der durch die Herztätigkeit erzeugte, durch Gehirn, Nieren, Rückenmark und Adernelastizität geregelte Druck des strömenden Blutes im Blutgefäßsystem – traditionell angegeben in Millimeter Quecksilbersäule (1mmHg = 133,322 Pa). Grundlage der nichtinvasiven Blutdrucksensorik ist das mit Blutdruckmanschette und Pumpe sowie Stethoskop und Manometer arbeitende Blutdruckmessverfahren nach Riva-Rocci-Korotkoff, Abb. 4.31.

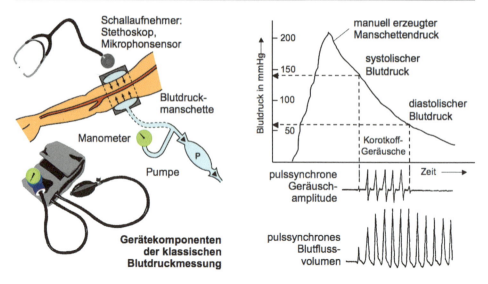

Abb. 4.31 Das klassische Verfahren der nichtinvasiven Blutdruckmesstechnik

Durch einen manuell erzeugten Manschettendruck wird der Blutstrom in einer Arterie abgedrosselt, bis der Pulsschlag durch ein Stethoskop nicht mehr wahrnehmbar ist. Durch langsame Reduzierung des mit einem Manometer erfassten Manschettendrucks wird der Blutstrom wieder freigegeben. Das Auftreten der ersten, mit dem Schallaufnehmer detektierten Blutströmungsgeräusche (Korotkoff-Geräusche) indiziert den systolischen Blutdruck und das Verschwinden des pulssynchronen Geräusches den diastolischen Blutdruck.

b) Tomographie

Tomographie ist die Technik der Erzeugung von Schnittbildern. In der medizinischen Diagnostik werden verschiedene physikalische Erscheinungen herangezogen, um das Körperinnere ohne operativen Eingriff mit bildgebenden Verfahren darzustellen. Während die Sonographie-Bilder mit Hilfe von longitudinalen Ultraschallwellen erzeugt werden, verwendet die Röntgen-Computertomographie (CT) dazu Röntgenstrahlen. Ein weiteres bildgebendes Verfahren der medizinischen Diagnostik ist die Magnetresonanztomographie (MRT) – auch Kernspintomographie oder Nuclear Magnetic Resonance (NMR) genannt – bei der zur Bilderzeugung elektromagnetische Radiowellen eingesetzt werden. Abbildung 4.32 zeigt die physikalischen Prinzipien beider Verfahren.

Ein *Computertomograph* besteht aus einer Röntgenquelle, die um die Achse des Patienten rotiert. Deren Strahl ist durch Blenden bis auf eine dünne Schicht, in der das Schnittbild erstellt wird, ausgeblendet. Der Röhre gegenüber befindet sich – montiert auf dem gleichen rotierenden Rahmen – eine Zeile von Röntgendetektoren. Diese registrieren die durch den Körper nicht absorbierte Strahlung. Während der Rotation werden die Messdaten jeder Projektion digitalisiert und von einem Computer gespeichert. Aus den Projektionsdaten wird dann im Computer das Schnittbild berechnet. Es entspricht in jedem

4.8 Innovationen der Technik

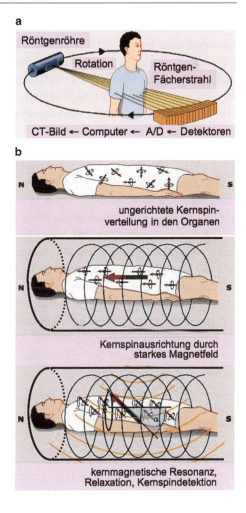

Abb. 4.32 Physikalische Prinzipien von Tomographieverfahren medizintechnischer Geräte. **a** Computertomographie (CT): Schnittbilderzeugung mit Röntgenstrahlen und einem rotierenden Sender/Empfänger-System, **b** Magnetresonanztomographie (MRT): Schnittbilderzeugung durch Detektion von Kernspinsignalen menschlicher Organe, ausgelöst durch einsgestrahlte Radiowellen in einem starken Magnetfeld, Kernspinresonanz und anschließende Relaxationseffekte

Graustufen-Bildpunkt der Stärke der Röntgenabsorption. Hohe Absorption wird hell, geringe Absorption dunkel dargestellt. Ein CT-Bild stellt damit die Graustufenverteilung der Gewebe- bzw. Körperteildichte des Probanden dar. Da die Computertomographie Schnittbilder des menschlichen Körpers aufgrund der unterschiedlichen Eigenschaften des Gewebes für Röntgenstrahlung darstellt, lassen sich Knochen mit diesem Verfahren sehr gut darstellen. Verschiedene Weichteilgewebe können dagegen schwer unterschieden werden, da sie alle etwa die gleiche Dichte haben. Ein weiterer Nachteil ist die mögliche Strahlenbelastung des Patienten.

Die *Magnetresonanztomographie* (MRT) nutzt die Kernspinresonanz von Atomen zur Darstellung von Organen im menschlichen Körper. Die MRT ergibt einen sehr guten „Weichteilkontrast" und verwendet im Unterschied zur Röntgendiagnostik keine ionisierende Strahlung.

Bei der MRT wird der Proband in den Hohlraum (ø ca. 55 cm, Länge ca. 2 m) des Magneten eingebracht, (Abb. 4.32b oben). In dem starken Magnetfeld orientieren sich die meisten Kernspins der Atome des menschlichen Körper in Richtung des Grundfeldes (Abb. 4.32b Mitte). Bei Einschalten des zusätzlichen magnetischen Wechselfelds wird die Ausrichtung des Kernspins unter Aufnahme der eingestrahlten Energie verändert (Abb. 4.32b unten). Wenn das Wechselfeld wieder ausgeschaltet wird, kehren die Kernspins in ihre Ausgangslage zurück (Relaxation), wobei sie die aufgenommene Energie wieder abstrahlen. Diese Signale werden von der Empfangsspule detektiert, wobei Wasserstoffkerne für die MRT die stärksten Signale erzeugen. Da die Verteilung der Wasserstoffkernanteile in den Organen des menschlichen Körpers unterschiedlich ist, lassen sich mit mathematischen Verfahren aus den detektierten MTR-Signalen Organ-Schnittbilder errechnen und mit Methoden der Bildverarbeitung darstellen.

Die Anwendungsgebiete der Magnetresonanztomographie in der Medizin sind breit und erweitern sich noch ständig. So können mit MRT beispielsweise in den kapillaren Blutgefäßen Blutflussgeschwindigkeit und Organdurchblutung (Blutmenge pro Zeit und Volumen) gemessen und die Gefährlichkeit einer Gefäßverengung bestimmt werden. Durch MRT kann auch die Diffusion des Wassers in den Organen verfolgt und Veränderungen, z.B. infolge Tumorwachstum oder Minderdurchblutung, zum Aufspüren von Krankheitszeichen verwendet werden. Mittels MRT-Aufnahmen können auch die Gehirnareale sichtbar gemacht werden, die bei bestimmten geistigen Tätigkeiten wie Lesen, Rechnen oder Musikhören besonders aktiv sind.

Bioaktorik

Die Anwendung der Medizintechnik durch den Arzt ist häufig mit einer *Biostimulation,* d. h. der Applikation von Reizen, Strahlen, Wellen oder medizinischen Substanzen auf menschliche Probanden und der Bestimmung der dadurch ausgelösten Biosignale, d. h. einer Symptomanalyse mittels Biosensorik verbunden, Abb. 4.33. Dies dient dazu, die Funktionsfähigkeit menschlicher Sinnesorgane aus der Reaktion auf mechanische, akustische, elektrische, magnetische oder optische Reize zu beurteilen.

- Die Sonographie ermöglicht die Analyse von Ultraschall-Reflexen im menschlichen Körper, die Darstellung von Bewegungsabläufen von Herzklappen sowie die Messung der Blutflussgeschwindigkeit.
- Röntgenstrahlabsorptionsmessungen erlauben die Vermessung anatomischer Strukturen.
- Mittels radioaktiv markierter Substanzen lassen sich Stoffwechselphänomene sowie die Transportgeschwindigkeit, der Anreicherungsort und die Dynamik von Ausscheidungsprozessen bestimmen.
- Aus ergonomischen Messungen kann auf die physische Belastbarkeit geschlossen werden.

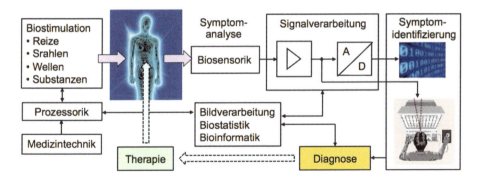

Abb. 4.33 Biostimulation und Biosensorik für Diagnose und Therapie: Technik für den Menschen

Die diesen medizintechnischen Anwendungen zu Grunde liegende biologische Messkette ist in Abb. 4.33 dargestellt.

4.9 Technik im 21. Jahrhundert

„Das Technische Zeitalter, das Ende des 18. Jahrhunderts beginnt, ist seit der Achsenzeit (800–200 v. Chr.) das erste geistig und materiell völlig neue Ereignis", schreibt Karl Jaspers in seinem Buch Vom Ursprung und Ziel der Geschichte.

Die frühen Hochkulturen beginnen mit großen Leistungen: Werkzeuge, Straßenbau, Städtebau. Die Ernährung der Menschen in den Kulturräumen wäre nicht möglich geworden ohne die Techniken von Pflug, Rad und Wagen. Die Weltbevölkerung überschritt 1804 die Milliardengrenze und stieg von 2 Milliarden (1927) über 3 Milliarden (1960) und 6 Milliarden (1999) auf 7 Milliarden (2011) an. Wie könnte man heute die Menschheit am Leben halten ohne Technik?

Die Technik im 21. Jahrhundert wird von Friedrich Rapp in seinen Analysen zum Verständnis der modernen Welt im Kapitel Die Idee der Technikbewertung wie folgt beurteilt:

> Die moderne Technik ist hervorgegangen aus der Verbindung von handwerklichem Können und naturwissenschaftlicher Methode. Ganz allgemein gesehen handelt es sich bei der Technik um Objekte und Prozesse der physischen Welt, die durch arbeitsteiliges gesellschaftliches Handeln zustande kommen. Es können Produkte hergestellt und Verfahrensweisen angewendet werden, die früher völlig unbekannt waren und es gibt kaum einen Lebensbereich, der nicht durch die moderne Technik geprägt ist.

Unsere Einstellung gegenüber der Technik ist allerdings ambivalent. Einerseits ist die Technik zum integrierenden Bestandteil unseres Lebens geworden. Ihre radikale Ablehnung würde unsere physische Existenz gefährden und eine wesentliche Verringerung der industriellen Technik würde zumindest den Lebensstandard, den wir weithin als selbstver-

1. Electrification	11. Highways
2. Automobile	12. Spacecraft
3. Airplane	13. Internet
4. Water Supply and Distribution	14. Imaging
5. Electronics	15. Household Appliances
6. Radio and Television	16. Health Technologies
7. Agricultural Mechanization	17. Petrochemical Technologies
8. Computers	18. Lasers and Fiber Optics
9. Telephone	19. Nuclear Technologies
10. Air Conditioning and Refrigeration	20. High-performance Materials

Abb. 4.34 Die *Greatest Engineering Achievements* in der von der US Akademie genannten Reihenfolge

ständlich voraussetzen, unmöglich machen. Andererseits sind aber auch die Gefährdungen einer Übertechnisierung unverkennbar. Sie reichen vom Ressourcenverbrauch und der Zerstörung der natürlichen Umwelt bis zu Problemen des Datenschutzes. Das eigentliche Problem besteht darin, dass jedermann gern die positiven, willkommenen Auswirkungen der Technik in Anspruch nehmen möchte, aber gemäß dem St. Florians Prinzip – *Heiliger Sankt Florian, verschon' mein Haus, zünd' andre an!* – niemand geneigt ist, die von der Sache her unvermeidlichen negativen Begleiterscheinungen zu akzeptieren. Jedermann möchte, dass der Müll beseitigt wird und dass Flugmöglichkeiten bestehen, aber niemand will in der Nähe einer Müllkippe oder eines Flugplatzes wohnen. Doch die moderne Technik mit ihren Verbundsystemen für Energieübertragung, Transport und Kommunikation ist so angelegt, dass die getroffenen Regelungen für alle Mitglieder der Gesellschaft verbindlich sind. Da sich keiner rühmen kann, im Besitz der absoluten Wahrheit zu sein, ist das Toleranz- und Pluralismusgebot nicht nur praktisch-politisch, sondern auch erkenntnistheoretisch-philosophisch begründet.

Greatest Engineering Achievements

Eine umfassende Analyse der Situation und Bedeutung der Technik zu Beginn des 21. Jahrhunderts hat die US National Academy of Engineering vorgenommen (www.nae.edu). Die *Greatest Engineering Achievemets of the 20th Century* sind in Abb. 4.34 aufgeführt.

Die bedeutendste Technologie ist die *Elektrifizierung*. Ihre weltweite Bedeutung für alle Bereiche des menschlichen Lebens sowie für die gesamte Technik und Wirtschaft ist offensichtlich und wird deutlich durch das Szenario der katastrophalen Folgen eines Stromausfalls (engl. *blackout*): Zusammenbrechen der Informations- und Kommunikationsmöglichkeiten (Telefon, TV, Internet) und Ausfall der gesamten elektrifizierten Infrastruktur, vom Schienenverkehr bis zur Trinkwasserversorgung. Eine Studie des Büros für Technikfolgen-Abschätzung beim Deutschen Bundestag (www.tab-beim-bundestag.de) kommt zu dem Ergebnis, dass durch einen dauernden und großflächigen Stromausfall

4.9 Technik im 21. Jahrhundert

Abb. 4.35 Die größten Errungenschaften der Technik

alle kritischen Infrastrukturen betroffen wären und ein Kollaps der gesamten Gesellschaft kaum zu verhindern wäre.

Die Elektrifizierung wird wegen ihrer zentralen Bedeutung für Technik, Wirtschaft und Gesellschaft von der Akademie als „Workhorse of the Modern World" bezeichnet. Die anderen bedeutenden Errungenschaften der Technik lassen sich in vier Gruppen einteilen, Abb. 4.35.

Die erste Gruppe betrifft den großen und vielschichtigen Bereich der Informations- und Kommunikationstechnologien, wie Telefon, Radio Fernsehen, Elektronik, Computer, Internet. Die zweite Gruppe nennt mit dem Automobil und dem Flugzeug die bedeutendsten Technologien für die menschliche Mobilität. Die dritte Gruppe betrifft „enabling technologies", wie Petrochemie und Hochleistungswerkstoffe. Die vierte Gruppe umfasst Technologien, die für die Weltbevölkerung von 7 Milliarden Menschen im 21. Jahrhundert lebensnotwendig sind, von der Wasserversorgungstechnik und der Landwirtschaftstechnik bis zur Gesundheitstechnik.

Die Bedeutung der Technik für die Menschheit kennzeichnet der französische Philosoph Remi Brague in seinem Buch DIE WEISHEIT DER WELT (2006) wie folgt:

Die Technik ist eine Art Moral und vielleicht sogar die wahre Moral. Heute ist die Technik nicht nur etwas, das uns das *Überleben* ermöglicht, sie ist mehr und mehr das, was uns zu *leben* ermöglicht.

Anmerkungen zum Buch

Die Literatur zu diesem Buch ist infolge der großen historischen Spannweite und der Multidisziplinarität der betrachteten Themenkreise sehr umfangreich und vielfältig. Die verwendeten Bücher sind im folgenden Abschnitt zusammengestellt. Fachspezifische Details, die in einem Kompendium naturgemäß nicht vertiefend behandelt werden können, lassen sich heute über das Internet erschließen. Von besonderer Bedeutung für die Konzeption und die inhaltliche Gestaltung des Buches waren die Werke eines Physikers und eines Philosophen:

- Carl-Friedrich von Weizsäcker: Der Mensch in seiner Geschichte. Carl Hanser Verlag, München, 1991.
- Remi Brague: Die Weisheit der Welt – Kosmos und Welterfahrung im westlichen Denken. Verlag C. H. Beck, München, 2006.

Die Abbildungen wurden sämtlich als neue „Wort-Bild-Graphik Darstellungen" speziell für dieses Buch erstellt. Die Photographien stammen vom Autor. Die Bilder der antiken Statuen (Abschn. 1.5) und die geographischen Karten (Abschn. 1.1, 1.6, 1.8) sowie die Darstellungen des geozentrischen und des heliozentrischen Weltbildes (Abschn. 1.9) wurden dem Internet entnommen. Für die Abbildungen in Kap. 3 und 4 wurden partiell Vorlagen aus den folgenden Büchern verwendet:

- Czichos, H.: Mechatronik – Grundlagen und Anwendungen technischer Systeme. Vieweg + Teubner Verlag, Wiesbaden, 2008.
- Czichos, H., Saito, T., Smith, L. (Eds.): Springer Handbook of Metrology and Testing. Springer Verlag, Berlin Heidelberg, 2011.

Literatur

Anzenbacher, A.: Einführung in die Philosophie. Verlag Herder, Freiburg, 2010.

Blackburn, S.: Denken – Die großen Fragen der Philosophie. Primus, Darmstadt, 2001.

Breitenstein, P. H. und Rohbeck, J. (Hrsg.): Philosophie – Geschichte, Disziplinen, Kompetenzen. Verlag J. B. Metzler, Stuttgart, 2011.

Bullinger, H.-J. (Hrsg.): Technologieführer – Grundlagen, Anwendungen, Trends. Springer Verlag, Berlin Heidelberg, 2007.

Coogan, M. D. (Hrsg.): Weltreligionen. Taschen, Köln, 2006.

Czichos, H. und Hennecke, M. (Hrsg.): HÜTTE – Das Ingenieurwissen. Springer Verlag, Berlin Heidelberg, 2012.

Eliade, M., Couliano, I. P.: Das Handbuch der Weltreligionen. Patmos, Düsseldorf, 2004.

Einstein, A.: Mein Weltbild. Ullstein Verlag, Berlin 1956.

Einstein, A.. Infeld, L.: Die Evolution der Physik – Von Newton bis zur Quantentheorie. Rohwolt, Hamburg, 1956.

Feynman, R. P., Leighton, R. B., Sands, M.: The Feynman Lectures on Physics, Addison-Wesley Publishing Company, Reading, 1963.

Feynman, R. P.: Was soll das alles? (Originaltitel: The meaning of it all). Piper Verlag, München, 1999.

Fischer, A.: Die sieben Weltreligionen. Sammüller Kreativ, Fränkisch-Crumbach, 2006.

Gerthsen, Chr. Physik. Springer Verlag, Berlin Heidelberg, 1960.

Gessmann, M.: Philosophisches Wörterbuch, Alfred Kröner Verlag, Stuttgart, 2009.

Grabner-Haider, A. (Hrsg.): Philosophie der Weltkulturen, Marixverlag, Wiesbaden, 2006.

Heer, F. Die großen Dokumente der Weltgeschichte. Wolfgang Krüger Verlag, Frankfurt am Main, 1978.

Heisenberg, W.: Das Naturbild der heutigen Physik. Rohwolt, Hamburg, 1958.

Heisenberg, W.: Physik und Philosophie. Hirzel-Verlag, Stuttgart, 8. Auflage 2011.

Helferich, Chr.: Geschichte der Philosophie. dtv-Verlag, München, 2009.

Hellmann, B.: Der kleine Taschenphilosoph. dtv-Verlag, München, 2004.

Höffe, O.: Lesebuch zur Ethik. Verlag C. H. Beck, München, 2012.

Jaspers, K. Vom Ursprung und Ziel der Geschichte. München & Zürich, 1949.

Jordan, S. und Mojsisch, B. (Hrsg.): Philosophen Lexikon. Philip Reclam, Stuttgart, 2009.

Jordan, S. und Nimtz, Chr. (Hrsg.): Lexikon Philosophie. Philip Reclam, Stuttgart, 2009.

Küng, H.: Der Anfang aller Dinge – Naturwissenschaft und Religion. Piper Verlag, München, 2007.

Kunzmann, P., Burkhard, F.-P.: dtv-Atlas Philosophie. Deutscher Taschenbuch Verlag, München, 2011.

Köhler, M.: Vom Urknall zum Cyberspace. Wiley-VCH Verlag, Weinheim, 2009.

Magee, B.: Geschichte der Philosophie. Dorling Kindersley Verlag, München, 2007.

Martienssen, W., Röß. D. (Hrsg.): Physik im 21. Jahrhundert. Springer Verlag, Berlin Heidelberg, 2011.

Nicola, U. Bildatlas Philosophie. Parthas Verlag, Berlin, 2007.

Poller, H.: Die Philosophen und ihre Kerngedanken. Olzog Verlag, München, 2007.

Popper, K. Die offene Gesellschaft und ihre Feinde, Teil 1 und Teil 2. Francke Verlag, München, 1980.

Popper, K. und Eccles, J. C.: Das Ich und sein Gehirn. Piper, München 1989.

Rapp, F.: Analysen zum Verständnis der modernen Welt: Wissenschaft – Metaphysik – Technik. Verlag Karl Albe Freiburg, 2012.

Röd, W. Der Weg der Philosophie. Band I Altertum, Mittelalter, Renaissance. Band II 17. bis 20. Jahrhundert. Verlag C. H. Beck, München, 1996.

Römpp, G.: Aristoteles. Böhlau Verlag, Köln, 2009.

Römpp, G.: Platon. Böhlau Verlag, Köln, 2008.

Röthlein, B.: Sinne, Gedanken, Gefühle – Unser Gehirn wird entschlüsselt. dtv-Verlag, München, 2004.

Schrödinger, E.: Die Natur und die Griechen – Kosmos und Physik. Rohwolt, Hamburg, 1956.

Schwanitz, D.: Bildung. Eichborn, Frankfurt am Main, 2002.

Simonyi, K.: Kulturgeschichte der Physik. Urania Verlag, Leipzig, 1990.

Spur, G.: Technologie und Management – Zum Selbstverständnis der Technikwissenschaft. Carl Hanser Verlag, München, 1998.

Personenregister

A
Abraham, 1
Adorno, Theodor W., 56, 60
Aischylos, 15
Alexander der Große, 21
Ampère, André-Marie, 85
Anaxagoras, 6
Anaximander, 5
Anaximenes, 5
Anderson, Carl David, 97
Antisthenes, 19
Anzenbacher, Arno, 40
Aquin, Thomas von, 34
Aristarch, 12
Aristoteles, 6, 41
Augustinus, Aurelius, 32
Aurel, Marc, 21

B
Bacon, Francis, 51
Bardeen, John, 86, 123
Becquerel, Henri, 85
Beitz, Wolfgang, 103
Benz, Carl, 123
Berkeley, George, VIII, 37, 40, 51
Bernoulli, Daniel, 84
Blackburn, Simon, 39
Bloch, Ernst, 56
Boethius, 24
Bohr, Niels, 86, 95
Boole, George, 62
Boyle, Thomas, 84
Brague, Remi, 12, 137
Brahe, Tycho de, 83
Brattain, Walter H., 86, 123
Broglie, Louis de, 86

Bruno, Giordano, 36

C
Camus, Albert, 56
Cantor, Georg, 63
Carnap, Rudolf, 60
Carnot, Sadi, 85
Cavendish, Henry, 84
Chladni, Ernst Florens Friedrich, 84
Chrysipp, 21
Cicero, Marcus Tullius, 21, 23
Clausius, Rudolf, 85
Comte, Auguste, 60
Coulomb, Charles Augustin de, 85
Cusanus, 35

D
Demetrios, 9
Demokrit, 7, 69
Descartes, René, VIII, 40, 46, 48
Diesel, Rudolf, 123
Diogenes, 19
Dirac, Paul, 97
Drucker, Peter, 119
Drude, Paul, 86

E
Eccles, John Carew, 64
Einstein, Albert, IX, 67, 84, 89
Empedokles, 6
Engels, Friedrich, 59
Epiktet, 21, 24
Epikur, 19
Euklid, 11, 63
Euripides, 15

F
Faraday, Michael, 85
Fermat, Pierre de, 84
Feynman, Richard P., 3, 67, 69, 100
Fichte, Johann Gottlieb, 57
Fischer, Anke, 4
Fizeau, Hippolyte, 84
Ford, Henry, 123
Frege, Gottlob, 61

G
Galilei, Galileo, 37, 84
Gamow, George, 83
Gautama, Siddhartha, 2
Gell-Mann, Murray, 87
Gentzen, Gerhard, 63
Gödel, Kurt, 63
Göppert-Mayer, Maria, 86
Gorgias, 17
Guericke, Otto von, 83

H
Habermas, Jürgen, 60
Hahn, Otto, 86
Hegel, Georg Wilhelm Friedrich, VIII, 40, 57
Heidegger, Martin, VIII, 40, 56
Heisenberg, Werner, IX, 37, 39, 67, 72, 86
Helmholtz, Hermann von, 85
Henlein, Peter, 37
Heraklit, 5, 6
Hertz, Heinrich, 86, 94
Hilbert, David, 63
Hofstadter, Robert, 87
Homer, 14
Hooke, Robert, 84
Horkheimer, Max, 60
Hume, David, VIII, 37, 40, 51
Husserl, Edmund, 55
Huygens, Christian, 84

I
Iamblichos, 27

J
Jaspers, Karl, 1, 56, 135
Joule, James Prescott, 85
Junkers, Hugo, 123
Justinian, 27

K
Kant, Immanuel, VIII, 37, 40, 52
Karl der Große, 28
Kepler, Johannes, 83
Kierkegaard, Søren, 55
Kirchhoff, Gustav Robert, 85
Kleanthes, 21
Konfuzius, 2
Kopernikus, Nikolaus, 37, 83
Kuhn, Thomas, 37

L
Laotse, 1
Leibniz, Gottfried Wilhelm, VIII, 37, 40, 50
Lenin, Wladimir Iljitsch, 60
Leukipp, 7
Lobatschewski, Nikolai Iwanowitsch, 63
Locke, John, VIII, 40, 51
Lukrez, 22
Luther, Martin, 30

M
Mach, Ernst, 84
Magellan, Fernando, 37
Marx, Karl, IX, 40, 59
Maxwell, James Clerk, 85
Mayer, Robert, 85
Mohammed, 27
Müller, Erwin W., 69

N
Neumann, John von, 86, 123
Newton, Isaac, 38, 84, 97
Nicolaus, 35
Nietzsche, Friedrich, 58

O
Ockham, Wilhelm von, 35
Ørsted, Hans Christian, 85
Ohm, Georg Simon, 85

P
Panaitios, 21
Parmenides, 5
Pascal, Blaise, 37
Pauli, Wolfgang, 86
Peano, Giuseppe, 61
Philo, 30
Philolaos, 10
Planck, Max, 86

Platon, 24, 42
Plotin, 27
Popper, Karl, IX, 40, 62, 64
Poseidonios, 21
Proklos, 27
Protagoras, 17
Ptolemäus, Claudius, 12
Pyrrhon, 21
Pythagoras, 10

R
Rapp, Friedrich, 135
Reuleaux, Franz, 102
Riemann, Bernhard, 63
Russel, Bertrand, IX, 10, 40, 61
Rutherford, Ernest, 70

S
Sartre, Jean-Paul, VIII, 40, 56
Schelling, Friedrich Wilhelm Joseph, 57
Schliemann, Heinrich, 14
Schopenhauer, Arthur, 54
Schrödinger, Erwin, 4
Seebeck, Thomas Johann, 85
Seneca, 21, 24
Shockley, William B., 86, 123
Siemens, Werner von, 123
Sloterdijk, Peter, 56
Snellius, 84
Sokrates, 17

Solon, 9
Sophokles, 15
Spinoza, Baruch de, VIII, 40, 49
Strassmann, Fritz, 86

T
Thales, 5, 92
Thompson, Benjamin, 85
Timaios, 12
Timon, 22
Tucholsky, Kurt, 45

V
Vinci, Leonardo da, 38, 102
Volta, Alessandro, 85
Voß, Heinrich, 14

W
Watt, James, 123
Weizsäcker, Carl-Friedrich von, VIII, 26, 40, 88, 97
Whitehead, Alfred N., 40, 61
Wittgenstein, Ludwig, IX, 40, 60, 61

Y
Young, Thomas, 84

Z
Zadeh, Lotfi, 62
Zarathustra, 1
Zenon, 6, 20